未讀 | 探索家 |

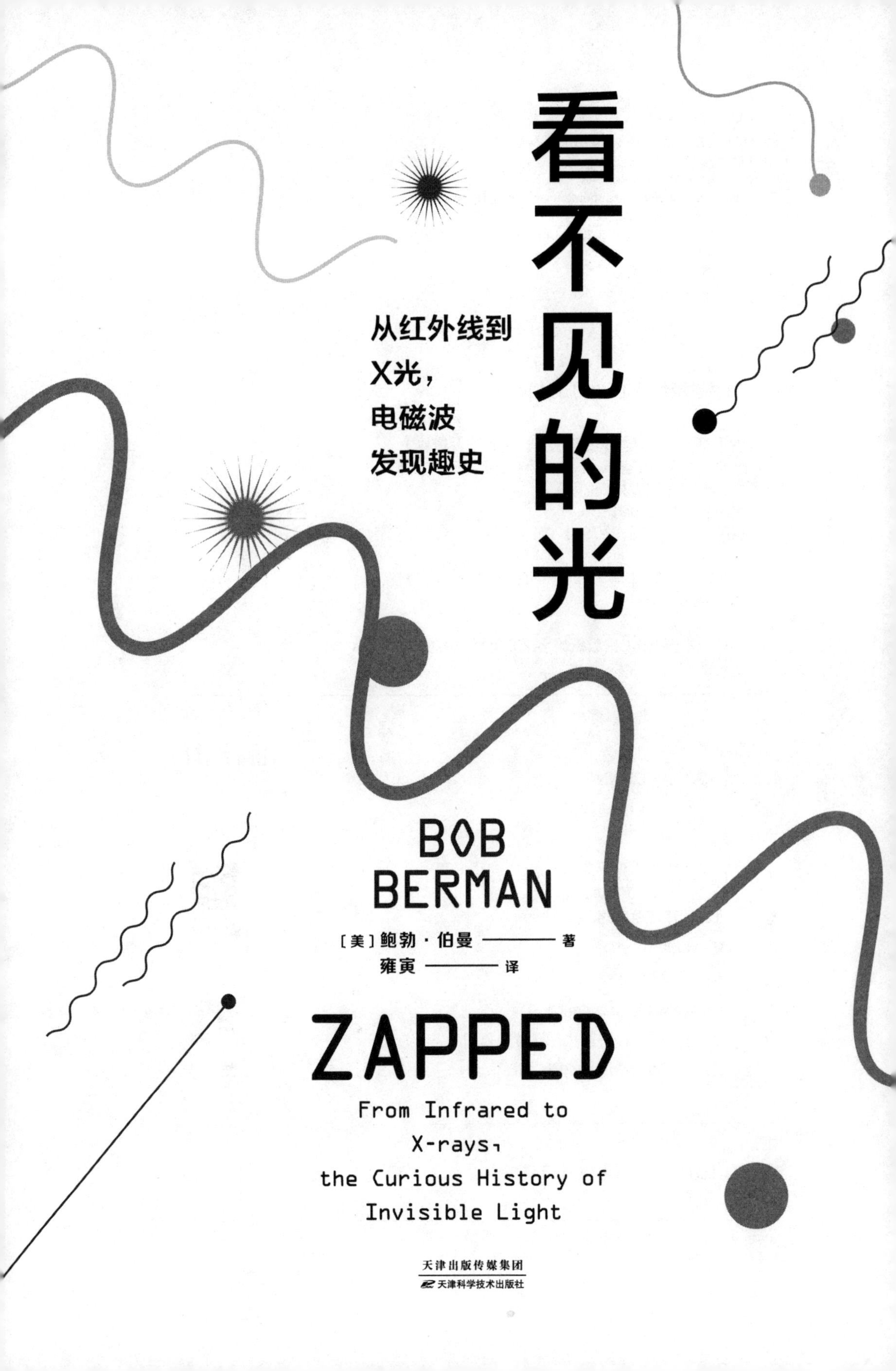

看不见的光

从红外线到X光，电磁波发现趣史

BOB BERMAN

[美]鲍勃·伯曼——著
雍寅——译

ZAPPED

From Infrared to X-rays, the Curious History of Invisible Light

天津出版传媒集团
天津科学技术出版社

著作权合同登记号：图字 02-2019-267
ZAPPED by Bob Berman

图书在版编目（CIP）数据

看不见的光：从红外线到X光，电磁波发现趣史 / (美) 鲍勃·伯曼著；雍寅译. -- 天津：天津科学技术出版社，2020.4（2022.9重印）
书名原文：Zapped
ISBN 978-7-5576-7394-9

Ⅰ. ①看… Ⅱ. ①鲍… ②雍… Ⅲ. ①电磁波－普及读物 Ⅳ. ①O441.4-49

中国版本图书馆CIP数据核字(2020)第030705号

看不见的光
KANBUJIAN DE GUANG
选题策划：联合天际·边建强
责任编辑：马妍吉
出　　版：天津出版传媒集团
　　　　　天津科学技术出版社
地　　址：天津市西康路35号
邮　　编：300051
电　　话：（022）23332695
网　　址：www.tjkjcbs.com.cn
发　　行：未读（天津）文化传媒有限公司
印　　刷：三河市冀华印务有限公司

未读 DR | 探索家

关注未读好书

未读 CLUB
会员服务平台

开本 710 × 1000　1/16　印张13　字数180 000
2020年4月第1版　2022年9月第2次印刷
定价：55.00元

很显然，

我们必须赋予“光”

比以往更深刻、更广泛的含义。

——《柳叶刀》，*1896*年*2*月*22*日

目　录

引言

它无处不在。

此时此刻，当你坐下来静静阅读这本书的时候，它就在你的四面八方。你工作时，它来自电子设备；你出门吃午饭，它来自一路洒下的阳光。平时，它在你的身边极为稀疏地存在着，然而，当你去医院看病，当你通过机场安检，当你驾车穿过城市街道，接触它的机会又会增添。你看不见，听不到，闻不着，也感觉不出它的存在，但它却无时无刻不在你身体中来去穿梭，一旦过量就会对你的生命造成威胁，然而缺少了它，你连一年也活不下去。

“不可见光”这种说法就是一个悖论，就像西蒙和加芬克尔（Simon&Garfunkel）的歌《寂静之声》（*The Sound of Silence*）一样，属于矛盾修辞法。从定义上讲，我们认为光能照亮黑暗，是一种能看见的物质。人类和狗不同，狗狗通过嗅觉来“了解”事物，而我们人类更多依赖视觉，凭借光来感知周围的环境。

但是，正如有些频率的声音只有动物能听到，而人类听不见，在我们的视野之外，也存在一个丰富多彩的光之世界。虽然我们很少想到这个看不见的世界，但是它与我们的生活密切相关。多亏了不可见光，我们才能发短信，靠GPS找到去朋友家的路，收听广播，用微波炉加热冷冻的比萨。在不可见光的帮助下，我们看到了以往从未见过的事物，从骨骼到大脑，甚至还有宇宙的历史。

记得姐姐曾经带着姐夫和外甥女来我家做客，正是那次经历让我深深体会到，我们对不可见光有多么依赖，它对我们来说又是多么神秘。那是一个慵懒的夏日午后，我们在沙发上休息，分享爆米花。外甥女在户外待了一天，肩膀晒得发红，她的妈妈责备她不涂防晒霜，而她一边用手机聊天，一边向妈妈做出下不为例的手势。与此同时，姐夫问我对他刚刚读过的那篇文章有什么看法，文章里提到，由于担心对人体有害，有学校禁止使用Wi-Fi。我们依赖不可见光（我们要用微波炉加热爆米花，也要使用手机），同时又担心它伤害我们（我们担心自己被晒伤，也常听到关于Wi-Fi危害的神秘传言），我们也不懂得如何保护自己。

不可见光就在我们周围，我们明明离不开它，却又无法心安理得地生活在其中。部分原因在于，我们对未知事物心怀恐惧。毕竟，大多数人对一切看不见的光都所知甚少。我写这本书的初衷就是希望改变这一点。

我想揭开光谱背后的真相，让大家真正“看清楚”这些生动的，至少暂时不可见的光。很快你就会了解到，从γ射线到紫外线再到红外线，每一种不可见光都有自己与众不同的一面，正如红光和蓝光各有各的特点。我们还会认识一些神奇的光，它们有的可以穿透固态物体而不被反射，有的可以让水加热至沸腾，有的来自外太空，只有宇航员才能接触得到，有一些不可见光甚至在宇宙诞生之初就已存在。你可能会惊讶地发现，人类早就与不可见光结下了不解之缘。泰坦尼克号的悲剧发生时，正是不可见光帮助我们挽救了许多生命。它们还能够预测日常的天气变化。但是，有一些不可见光会对人体产生突然而又致命的损伤。

本书的探索之旅分为两个重要的部分。在一部分章节中，我们追溯历史，去认识一些最早“看到”不可见光的科学先驱。18世纪时人们才意识到，世上可能存在人眼无法分辨的“光”，然而直到19世纪，不可见光的存在才得到证明。但是，一旦打开通往这个新世界的大门，各种不可见光便纷至沓来，如今它们中有很多已经成为我们生活中不可或缺的部分，很多我们以为天经地义的事，都要靠它们发挥作用。

从口袋里的手机到车载收音机，不可见光为我们提供了近乎神奇的便利，所以在另一部分章节中，我们将研究这些“幽灵”如何影响我们的生活和健康，不可见光在21世纪的医疗、技术和文化方面，又将发挥怎样的作用，它们还会面临哪些新的挑战。

那个夏天的午后，围坐在客厅里的我的家人谈到不可见光对健康的影响，心中充满疑虑，也许你也一样。手机发出的微波对大脑有什么危害吗？什么是辐射？我们周围到底有多少辐射？哪种不可见光每年导致的死亡人数最多？哪些食物具有放射性？别着急，我会在书里为你一一解答，澄清各种有争议的问题。这些知识，有的会令你宽慰（紫外线可以降低患癌风险），而有的会令你咋舌（一次全身CT扫描的辐射量比广岛核爆中心1.6千米以外幸存者承受的辐射量还要多），但是无论如何，具体情况要具体分析。不可见光的神秘面纱即将被揭开，各种各样令人大跌眼镜的事实正在向你走来。

第1章　了不起的光

如果上帝真的说过“要有光”，那就不会只是意思意思而已。宇宙中存在大量的光——每一个亚原子粒子都相当于十亿个光子。在宇宙的任何个体（包括组成原子的物质）中，光子都占到了99.999 999 9%。宇宙的的确确是由光组成的，其中不仅包括日常的可见光，还有绝大多数我们看不见的光。

光是一种不可思议的东西。千百年以来，不同文化背景的伟大思想家都沉迷于对它的研究。也许是运气使然，古希腊人率先发现了可见光的一个关键特点：它不是独立于观察者而存在的。现在，物理学告诉我们，光来自相互垂直的磁场和电场。我们的眼睛根本看不到电场和磁场，所以光在本质上就是不可见的。

我们之所以能看到夕阳橘色的余晖，并不是因为我们直接感知了光，而是因为进入我们眼中的电磁波刺激了视网膜和大脑中数十亿个神经元，激发了复杂的神经结构，让我们感知到了橘色。因此，一套完整的生理过程直接关系到光的亮度和颜色。

当然，古希腊人对人脑的结构一无所知，但他们仍然发现光是一种主观感受，并非独立于观察者而存在——能想到这一点，要么是希腊人的洞察力惊人，要么就是他们运气特别好。但是，他们弄错了光的传播方向。他们只知道光速极快，但是没有想到光是从光源进入人眼的。相反，他们认为光是由瞳孔向外传播的。一千多年来，人们普遍认为光是从眼睛里发出来的。即便如此，当时还是有一些标新立异的人推测，视觉是“眼睛射线”和光源发出的物质相互作用的结果。

罗马经典思想家卢克莱修（Lucretius）对光的解释最接近本质。公元前1世纪，他在《物性论》（*On the Nature of Things*）中写道：“太阳的光和热是由微小的原子组成的，这些原子一经发射，便会立即穿过大气。”

卢克莱修认为光是粒子，而且使用了“立即”这样意味深长的描述，这说明他认为光的速度非常快。这些看法后来也得到了艾萨克·牛顿（Isaac Newton）的支持。但是，无论科学家认为光的速度有多快，在接下来的几个世纪里，光的产生仍旧被误以为是源于人眼的现象。

在这个问题上，第一个真正意义上的突破来自数学家和天文学家阿尔哈曾（Alhazen），他的全名是阿布·阿里·哈桑·伊本·哈桑·伊本·海瑟姆（Abu Ali al-Hasan ibn al-Hasan ibn al-Haytham）。他生活在埃及，正赶上阿拉伯科学的黄金时代。大约在1020年，全世界大多数地区还处于缺乏文明的黑暗时代，阿尔哈曾已经发现视觉只能随着进入眼睛的光而产生，眼睛本身不会发出任何光。他用暗盒证实了自己的想法。这种装置能将全彩的自然影像播放在墙上，前来观看的人为之震惊，忍不住尖叫称奇。但是，阿尔哈曾的想法更加超前。他认为，光是由太阳中做直线运动的微小粒子流组成的，它会被各种物体反射。现在这听起来或许没什么了不起，但是阿尔哈曾比其他人早了六个世纪得出这个结论。

文艺复兴重新引发了“什么是光”的争论，但这场争论像一场乱扔食物的大战，非常混乱。在17世纪，牛顿和天文学家约翰尼斯·开普勒（Johannes Kepler）都认为光是粒子流，而罗伯特·胡克（Robert Hooke）、克里斯蒂安·惠更斯（Christiaan Huygens），以及不久之后加入的莱昂哈德·欧拉（Leonhard Euler）等人，则坚持认为光是一种波。它究竟是一种什么样的波呢？

他们认为一定有某种物质引起了光的波动。于是，这些文艺复兴时期的科学家得出结论，整个空间被某种物质（后被称为以太）填得满满的，这种看不见的物质会让磁和电的能量运动。

有一个明显的事实令许多支持波动说的人在当时产生了动摇，转而支持牛顿的粒子说——当阳光经过物体清晰的边缘（例如墙壁）时，会在附近投射出一个界线分明的影子。这一点很好地证明了光是做直线运动的粒子。如果光是一种波，那么它就会像穿过堤岸的波浪一样散开，发生衍射。在支持粒子说的人面前，明摆着的影子外加牛顿的名声使得支持波动说的人看上去很蠢。

最终，粒子说与波动说之间的论战出现了神奇的转机，好像智慧的所罗门王统领了万物，两种说法都被他接纳了。这一重大突破要归功于苏格兰物理学家和数学家詹姆斯·克拉克·麦克斯韦（James Clerk Maxwell），他在1865年

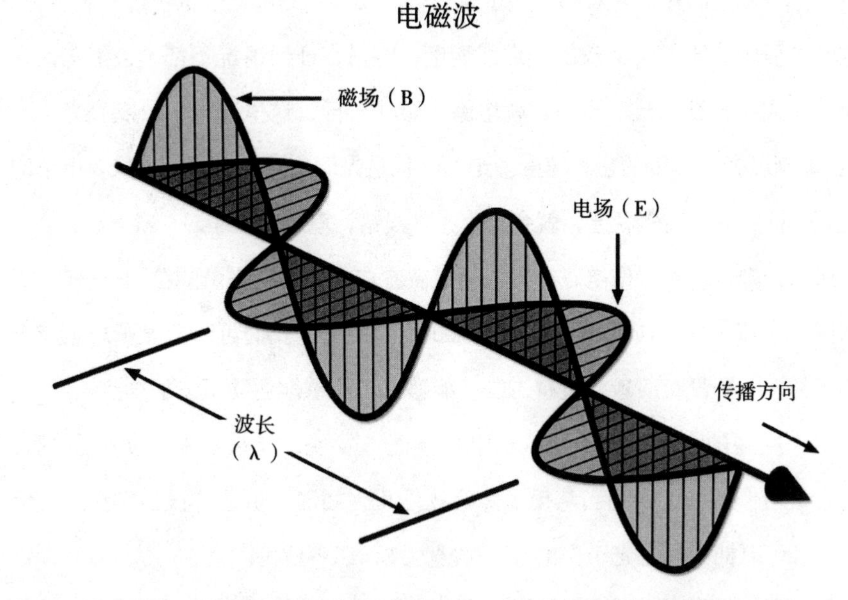

图1-1 所有的光都是由“双波”构成的，其中电场与磁场方向相互垂直

图源：佛罗里达州立大学《分子表达》（*Molecular Expressions*）

宣布，光是一种自我维持的电磁波，其中电场和磁场相互垂直振荡。两种类型的波相互激励，使得光能够持续传播。从那时起，科学界才认定光是一种电磁现象。

但是，光又是从哪里来的呢？1896年，荷兰物理学家亨德里克·洛伦兹（Hendrik Lorentz）发现了一个奇怪的现象：在强磁场下，光会一分为二。这就说明，宇宙中一切光都源自一种带负电荷的未知微小粒子的快速运动。一年后，他得出了这个很有先见之明的惊人结论，随后，第一个亚原子粒子——电子——被发现了。电子运动确实是产生光的首要途径。由于在找到确凿证据前推测出了电子的存在，洛伦兹于1902年荣获诺贝尔奖。

抛开类别不谈，光是如何产生的呢？在受热，被电流快速冲刷，与偏移的电子碰撞等情况下，原子会受到能量的冲击，剧烈地振动起来。额外能量激发了原子中的电子，它们就像被弄疼了一般，“大叫着”跃迁到距离原子核更远的轨道上。可是它们并不喜欢那里，于是一转眼又回到距离原子核更近的轨道上。在这一过程中，原子会释放出一点点能量。能量在任何情况下都不会消失，它只会转化成另一种形式。于是，就像施了魔法一样，这里冒出了一点亮光（光子），即刻以名不虚传的超高速度溜走。这就是光诞生的唯一途径。只要电子向靠近原子核的方向发生跃迁，就会产生光。没错，就这么简单。

所以，光可以被看作电磁波，也可以被看作一种没有重量的粒子——光子。受到阿尔伯特·爱因斯坦（Albert Einstein）的启发，我们可以把光子想象成一颗小子弹，一个没有质量，没有占位，能够永不停歇地运动下去的小点。如今，思考这类问题的大多数人（我们这群科学迷）发现，光从点A向点B运动时，更适合被当作一种波，而当它撞上障碍物停止传播时，更适合被当作粒子。但是，你既可以把光称为光子，也可以称之为波，二者皆可。

我们在20世纪迎来了量子理论。除了证明电子这类粒子可以表现出波的特性之外，它还揭示了不同寻常的现象：当观察者利用实验装置确定光子或者亚原子粒子（例如电子）的位置时，它们总是表现出粒子的性质，并且只具备粒子的特征。例如，它们会接连穿过一个个小孔，但不能同时通过两个小孔。但是，当不再有观察者测量每个光子的确切位置时，它们又会像波一样，同时穿过壁垒上的两个小孔，并在小孔之外的探测器上形成干涉图样——这一点只有波才能够办到。

奇怪之处在于，观察者及其大脑中的信息决定了光到底是波还是粒子。其他类似的粒子也是如此。我们看到的结果取决于观察的方式和所获得的信息。现在，大多数物理学家认为，应该利用人类的意识抹去光子或者电子“波的效果”，好让它们作为粒子在物理学研究中占据一席之地，否则，它们只是不伦不类的理论对象。

就在一个世纪以前，不仅是局域实在论的科学思想，甚至就连常识也支持这一点——所有物体（包括原子和光子）都独立于我们的观察而存在。但是，这已经被更新的观点所取代，观测本身正是光子和电子存在的关键。这么一想其实还挺诡异的。

如果观察者是一只猫，那么电子会变成实实在在的粒子而不再具有波动性吗？如果没有人类，光就永远只是波而不可能是离散的光子吗？对于这两个问题，我们的回答分别是“天晓得”和“是的”，但是很显然，这样的假设非常奇特[1]。

让我们把这个问题再讲清楚些。如果一个世纪前，我们就可以用测量光入射方向的仪器探测到一点点光（甚至一个粒子），那么我们可能会自信地绘制出它之前的路径。但现在我们会说，在观测到它之前，它并没有路径。它没有作为光子、电子或任何其他物质而实际存在。相反，只有被观察到的时候它才

---

[1] 我的朋友马特·弗朗西斯（Matt Francis）是电子显微镜方面的专家，他正在训练狗来识别屏幕上显示的光波。如果他试验成功——狗在观察到波形时吠叫，而看到粒子时不发出声音——的话，就有可能弄清楚狗是否可以将光看成粒子形态，从而解决这个问题。的确，这着实困扰着我们中的一些人。——作者（书中脚注如无说明均为作者注。）

存在。观察结果建立事实，没有什么是能够提前确定的。正如已故物理学家约翰·惠勒（John Wheeler）说过的："只有被观察到的现象才是真正的现象。"

这就引出了下一章的问题：为什么人眼能够观察的是"这些光"而不是"那些光"呢？

第2章　看得见的和看不见的

无论是可见光还是不可见光，所有形式的光都能在电磁波谱上找到自己的位置。沿着光谱，我们可以找到许多种类和颜色的光。两个简单的特性就能将它们区分开来。

第一个是波长。光的波长短的不到1微米，长的可超过1千米，在这两个数字之间，是各种波各不相同的波长。

第二个是频率。频率的倒数是周期，也就是经过你的波被下一个波替代所需要的时间，这样说来，你就像在看台上检阅眼前的光波游行队伍一样。

想想海浪吧。海波的波长可达近百米，很长，相当于一个足球场的长度。对应的周期约为1秒。这说明每个波的波峰需要约1秒的时间通过任何给定的点，并被波谷代替，紧跟着后面又是下一个波峰。

通过波长和频率，我们可以用科学方法分辨任何波，并以此确定光的类型。例如，交通信号灯中绿灯发出的光波长约为530纳米（1亿分之53米），即100万分之53厘米；它的频率约为566太赫兹，即每秒钟有566兆个波经过你的眼前。（波长和频率数值如此接近纯属巧合，可见光中只有绿光是这样的。）

当信号灯变为红色时，你会看到波长更长的光。红光是所有可见光中波长最长的，但是这个长度仍然比人体内大多数细菌的尺寸要小得多。它振动得比绿光慢，每秒可以产生约400兆个波。重要的是，一般人眼能看到的光的波长范围是400 ~ 760纳米，或表示为4000 ~ 7600埃。光的波长一旦超出这个范围，我们就看不见它了。

短波比长波振动得快，这意味着它们拥有更多能量。可见光的能量很少，不足以破坏原子，而快速振动的光（例如紫外线）能够从原子中夺走一个或者多个电子，从而改变分子结构。对人类而言，可能会因此患上癌症或导致其他后果。

整个光谱涵盖了从无线电波到γ射线之间的所有光。通常，我们根据不可见光的波长长短，或者它们在光谱中相对于可见光的位置来对其进行命名。红外线位于光谱中的红光之后，这就表示它的波长比红光要长一些；而紫外线位于紫光之前，它的波长比紫光略短一些。

能量最少的光是无线电波。波长最长的无线电波，其波峰与波峰之间的距离能达到1609千米。相比之下，光谱上相邻的可见光之间波长差仅为100万分之1米。每秒钟有几百兆个可见光波经过你。能量最强的光是γ射线，它的波长只有1兆分之1米，频率为每秒10亿兆次，快得令人难以置信。

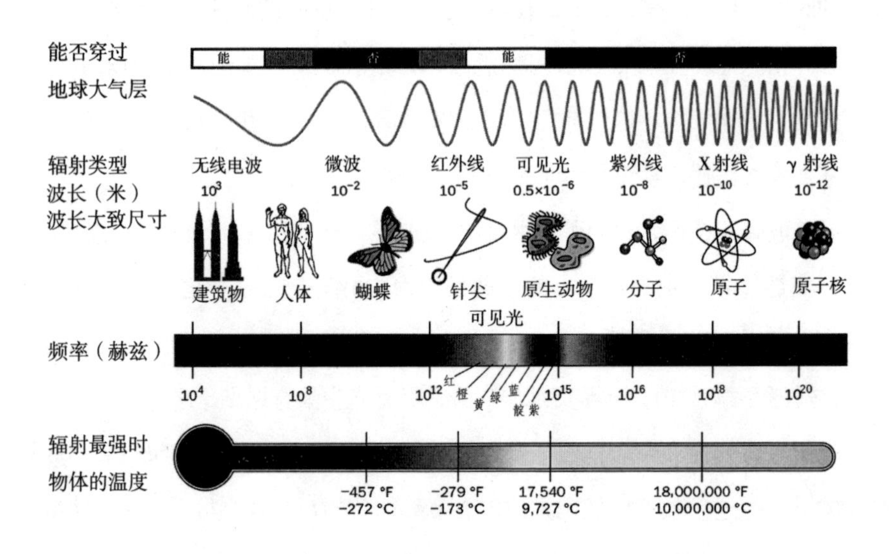

图2-1 可见光只占电磁波谱中很小的一部分（图源：维基百科）

除了点点星光之外，几乎所有的光归根到底都来自太阳。月光是由太阳光照到月球上反射出来的。极光是高空太阳粒子流激发稀薄的氧原子和氮原子而产生的。烛光和其他各种火焰需要可燃材料，例如煤、木材和石油，而这些都来自存储在远古动植物遗骸中的能量。如果没有太阳，这些能量就不可能存在。

在现代社会，我们会用电来发光，但这同样需要燃烧石油、天然气和煤炭，或者利用水势差进行水力发电。如果没有温暖的阳光，水就无法受热蒸发，循环到更高的海拔。只有核能和星光是独立于太阳存在的。和太阳一样，其他恒星也会发出可见光和不可见光，只是两种光在比例分配上有所不同：质量大、温度高的恒星发出的光中含有大量的紫外线和蓝光；宇宙中常见的质量较轻的恒星会发出大量红光、橙光以及红外线，但几乎很少发出紫外线。简单说来，人眼只能看到太阳光中最强烈的色彩。我们的视网膜天生只适合感知阳光中最丰富的能量，所以，我们确实“更偏爱”阳光。从某种程度上说，是太阳赋予我们观察整个宇宙的视觉。

小时候，我们在科学课上学过，阳光之所以看起来是白色的，是因为我们的视网膜和神经系统混合了同时射入眼睛的各种阳光成分。白色意味着我们接收到了全部的阳光。其实，白光就是七色虹光的混合物。

实际上，如果一个科学家通过分光镜来观察并“解读”研究对象的真实色彩，那么他会发现，人眼中白色的云能呈现出生动的七彩颜色。仪器显示，白云的颜色实际上包含了红色、橙色、黄色、绿色、蓝色、靛蓝色和紫色，当这些颜色的光同时射入眼睛，我们看到的就是白色。18世纪的研究表明，即使缺少其中部分颜色的光（例如橙光和紫光），我们仍然能够看到白光。事实上，将蓝光、红光和绿光等量均匀地混合在一起就可以产生白光。它们被称为色光三原色（与颜料的三原色，即黄色、青色和洋红色，不是一回事）。所以，如果我们看到的光是白色的，那就说明我们的眼睛同时接收到了红光、蓝光和绿光。

如果这3种颜色的光非等量均匀地混合在一起，就会生成其他颜色。计算机和电视机就经常因此出现色差。例如，朋友发来一张秋叶的数码照片，你可能会从屏幕上看到叶子的一部分是深紫红色的。计算机屏幕则通过组合光来产生这种效果，比如，你看到的可能是4.5个单位的蓝色、6.5个单位的红色和1个单位的绿色混合出来的颜色。掌握了这3种颜色——通常称为RGB，即红色（Red）、绿色（Green）和蓝色（Blue）——你就可以创造出任何色彩。

有些色彩的组合结果看起来不太合理。猜猜看：怎样才能得到黄色的光？正确做法是将等量的绿光和红光混合在一起。这令很多人大吃一惊，因为我们直觉地认为红光和绿光混合，产生的应该是一种红绿色的光。然而事实并非如此。红色与绿色的等量混合光在人眼看来就是黄色的。

但是，如果你混合的不是光，而是红色和绿色的颜料，你得到的就不是黄色了，而是像泥巴一样的棕黑色，因为这种组合方法并不适用于颜料。颜料本身不会发光，我们之所以能分辨它的颜色，是因为外界的白光（例如，天花板上的灯光或者洒进窗户的日光）照在调色盘或者颜料上，颜料吸收了其中某些颜色的光，同时又反射了另外一些。例如，黄颜料之所以看上去是黄色的，是因为其化学成分吸收了白光中的蓝光，反射了红光和绿光——我们知道，红光与绿光组合在一起就是黄色的光。

颜料混合遵循的是“减法”规则。如果你画过画，那么你可能有这种失败的经历：你原本想通过混合多种颜色来创造新的色彩，结果却搞得调色盘上全是棕色。这是因为你每添加一种颜色，它就会多吸收掉一点房间里的白光，减少一点反射，最后进入你双眼的光会变得非常少。混合的颜料越多，画面就越暗。过多的颜料混合在一起会变成混浊的棕色或者黑色，因为此时几乎所有的光都被颜料分子吸收，没有任何光能反射进我们的眼睛。光的混合是另一回事。添加更多的光，你总能让图像更加明亮。

光和视觉体验之间有一种依赖关系。这一点非常重要，却鲜为人知，所以我们在这里有必要重申第1章的内容：光本身没有颜色和亮度。光只是相互垂直的磁场和电场。因此，真实的外部世界就像无线电波一样完全是不可见的。没有人的感知，“外部现实”只不过是杂乱地堆叠在一起的各种频率的能量。但是，受到看不见的频率刺激时，我们视网膜中600万个感光的锥体细胞便会对有限范围内的频率做出反应。它们会以每小时402千米的速度向视神经发出电信号，直到位于大脑后方的几千亿个神经元以连续而复杂的方式被激发。于是，大脑就感知了图像的颜色（例如蓝色）。

重点在于，“外部世界”其实是一种体验。“那里”本身并没有颜色。如果没有人的感知，落日就没有色彩，也没有亮度。它只是看不见的电场和磁场的混合物。

有些人会对光产生一种不同寻常的主观体验。10%缺乏绿色视网膜受体的男性会患上红绿色盲，他们比正常人看到的颜色要少得多。在他们眼中，红色和绿色看起来是一样的，他们看到的是二者的混合色，类似于我们眼中的黄色。他们的世界只有蓝色和黄色，所以不理解我们为何如此喜欢彩虹，因为对于他们来说，彩虹只有两种颜色，没什么好看的。如果不熟悉交通灯的顺序，这些人很可能会误闯红灯。事实证明，狗和大象也是红绿色盲，所以我们不应该允许它们驾驶车辆。

在有明亮的阳光或者人工照明的情况下，我们的视网膜状态最佳：锥体细胞能够提供全彩视觉，比1080P高清晰度的电视还要清晰三倍。直视前方时，我们的视力最佳，因为视锥细胞在视网膜中心最为密集。我们对光谱中的绿光最为敏感，它也正好位于可见光的正中间。绿色既是最容易被我们感知的颜色，也是阳光中最强烈的色彩，所以我想多说两句。

人眼可以分辨出波长相差仅1纳米的光，但仅限绿色的光。我们的视觉对红光和紫光的敏感程度只有绿光的十分之一。也就是说，如果色调不同的绿色并排出现，人眼大约可以分辨出其中的50种。

色彩敏感度测试通常分屏进行，不同屏幕分别显示波长略有不同的光。当两边的光波长相差不足1纳米时，观察者便会认为二者看上去是一样的。色调有些许不同的颜色会显示在分开的屏幕上，所以当你发现两边颜色不同时，你就能察觉到边界：屏幕看起来就像突然被分成了两个部分。

研究人员用同样的装置对动物进行了测试。当把鼻子伸向屏幕上颜色不同的位置时，狗就会得到奖励（研究人员应该会定时擦干净上面的鼻印）。类似的研究表明猫也能看到颜色。无论是在人、猴子还是马尔济斯犬身上，这种对色彩的感知都被称为明视觉。所谓明视觉，就是指在光线充足时感受到的全彩、全高清的视觉。

在亮光下，我们主管明视觉的神经系统结构有着奇特的癖好。我们已经知道，等量的绿光和红光同时射入眼睛，我们看到的是黄光。这与我们对光的其他原色的主观感受形成了对比。我们确实会将红蓝色的光感知为紫色的。绿光加蓝光在我们眼中是海宝蓝，这种颜色确实与它的组成成分很相似。然而，由于人眼—大脑结构的特殊癖好，我们无法看到发红的绿色和发黄的蓝色。

人眼明视觉的另一个癖好关乎敏感度。在许多动物眼中，白天的天空实际上是紫色的，但是人类的视网膜对那些位于可见光谱两端的光不敏感，所以我们只能看到天空呈现出与紫色相邻的颜色——蓝色。能看到紫色天空的动物也能感知紫外线。鸟类轻轻松松看到的光就比我们看到的更丰富。它们具有感知紫外线的能力，甚至能在距离地面非常远的高空察觉到老鼠尿中微弱的光。

然而，就算我们的明视觉有着这样那样的癖好，一旦太阳落山，一切都会发生改变。光子数量减少之后，我们的视觉就会从正常的明视觉转变为暗视觉，也就是夜间视觉。

日出而作，日落而息，我们对夜晚的到来再熟悉不过。然而，对于夜间视觉你又知道多少呢？随着夜幕降临，我们的瞳孔会逐渐放大至原来的三倍——如果我们还很年轻，那么它们的直径能达到七八毫米。（50岁以后，人的瞳孔通常无法放大至四五毫米以上。）19世纪那些渴望第一个发现新星系或者星云的天文学家有时会用颠茄制剂来扩大瞳孔，以便让更多的光射进眼睛，通过望远镜看到更多东西。

另外，在昏暗的光线下，视网膜中的光化学变化大大提高了它的灵敏度。在昏暗但并非完全漆黑的条件下（例如，在黄昏时分，或者在只有夜灯的房间里），暗视觉并不会完全“打开”，也就是说，明视觉仍然在工作，只是状态不佳。此时在我们眼中，只有绿色的物体还能保持原本的颜色，而位于可见光谱两端的红色和紫色看起来是灰色的。在明亮的月光下我们会发现，眼前的自然界似乎都蒙上了单一的湖绿色调。同时，我们最能敏锐觉察的可见光会从黄绿色转变为蓝绿色，这一变化是19世纪捷克生理学家简·浦肯野（Jan Purkinje）首次发现的，他也是第一个指出指纹可以用于追查罪案的人。我们称这种弱光下的变化为浦肯野转移。正是因为人类视觉对绿色有如此高的敏感度，所以建于20世纪50年代的最早的美国州际公路系统主要采用绿色标志，而且现在越来越多的市政府选择购买绿色的消防车。

若光线进一步变暗，我们就连蓝绿色也分辨不出了。这时只有2000万个视网膜杆状细胞在工作，眼睛就好像换了底片一样。暗视觉需要很长时间才能进入状态。杆状细胞非常懒惰，它们需要反复受刺激才能好好干活。晚上，关掉卧室的灯之后，你首先会陷入黑暗，几秒钟后才能慢慢分辨出一些细节，再过5分钟你就能看出房间的大致特征，20分钟后如果你还醒着，就会看见关灯前能看到的一切。但是，如果此时有人又开了会儿灯，然后再关掉，那么你就又得从头开始“适应黑暗”的过程。

在暗视觉下，我们是无法分辨色彩的——在黑暗中，丢在椅子上的红色运动衫和蓝色袜子看起来都是灰色的，整个房间都是黑白的。（顺便说一下，已知的完全看不到彩色世界的动物是猫头鹰，它们没有色彩鲜艳的羽毛，这就表示它们不需要利用花哨的外表来吸引异性，但是在昏暗的光线下，它们对灰度的灵敏程度比人类要强大得多。）和其他颜色不同，深红色在暗光下不会变成灰色，它们会直接消失。杆状细胞不能感知波长超过630纳米的光，不巧的是，宇宙中最常见的光都在这个范围里，例如猎户座星云，被激发的氢气发出的红光就好比这片巨大气体云的名片。盛大的游行通常会用到带可变电阻器或者调光开关的彩灯。当调暗亮度时，蓝色、黄色、橙色和绿色的灯光会在足够微弱的时刻变成灰色。但是深红色的灯光不会这样，当它们足够微弱时就消失不见了。

如果你是个人——这很有可能，毕竟你正在读这本书——那么你的夜间视力一定非常糟糕。亮光下我们的正常视力通常是20/20[1]，虽然许多年轻人可以看到斯内伦视力表[2]的20/10（最下面的第11行），但是在昏暗的光线下，我们的视力最多只能达到20/200。这在法律上可以认定为失明。当你第一次和某人约会，在夜晚黑暗的街道或者公园散步时，你可以告诉他（她）你是法律意义上的盲人，以此来博得对方的同情心。你可没撒谎。

在昏暗的光线下，我们视野中有一块盲区。这种盲区位于正中间，和两只眼睛都有关系，而且面积很大，差不多有天空中满月的两倍那么大。我们的视野之所以会在夜间出现盲区，是因为人的视网膜中心只有锥体细胞，这也是我们在明亮的光线下直视物体效果最佳的原因。而在晚上，我们只有把视线稍微转向一旁，才能够更好地观察模糊的细节。几个世纪前，天文学家就已经知道这一事实。他们中大多数人只有通过余光才能分辨巨蟹座蜂巢星团中的单个恒星，如果直视的话，星团看上去就是模糊的一片。

了解了暗视觉，我们就掌握了了解各种不可见光的关键。每天我们都会发现，明明白天轻轻松松就能看到的颜色，晚上却怎么也看不出来了。因此，我们可以将电磁波谱中的不可见光（无线电波、微波、红外线、紫外线、X射线

---

[1] 视力20/20表示在距视力表20英尺（1英尺约为0.3米）处，能够看清“正常”视力所能看到的东西。如果视力是20/40，说明正常视力在距视力表40英尺处可以看到的东西，你要在20英尺处才能看到。在美国，视力低于20/200即可认定为失明。——译者

[2] 1862年由丹麦眼科医生赫尔曼·斯内伦（Hermann Snellen）提出由笔画粗细相似的字母组成测试视力的表格，即字母视力表。目前最常用的是E字母视力表。——译者

和 γ 射线）与我们在夜间无法分辨的有色光放在一起。它们就在那里，和白天一样真实，只是我们看不见。原因有三点。

第一，在可见光和红外线（我们确实能感觉到红外线，至少我们的皮肤会因此发热）之外，我们进入的是不可见的能量范畴。以微波为例，太阳基本不发射微波，偶尔会发射非常微弱的微波。既然如此，我们的视觉为什么要通过微波反射来感知物体呢？我们周围的自然界也鲜有微波，那我们凭什么必须看见那些总不出现又对我们没有什么影响的东西？

第二，组成视网膜细胞的分子会受到入射光的影响，光子会让这些细胞发射电脉冲。各种光的能量决定了视网膜与外界物质的互动。只有在非常有限的能量范围内，视网膜的光化学反应才能正常发挥作用。这一点绝非偶然。如果光的波长比我们能看到的最深的红色的波长稍微长一点，就会因为能量太弱而无法影响视网膜的蛋白质分子。因此，从物理和化学角度出发，严格地讲，我们看不到红外线。

在光谱的另一端，比紫光波长短的不可见光能量巨大，可以破坏视网膜中的敏感分子。幸运的是，在对视网膜造成任何损伤之前，它们就先被晶状体吸收了。（但是，在视网膜得到保护的同时，晶状体也会付出代价。时间长了，晶状体会受损，导致白内障。这就是在自然光强烈的情况下，我们需要佩戴太阳镜来阻挡光谱中的蓝光—紫光—紫外线的原因。）

还有相对来说不那么重要的第三点：某些不可见光不会被我们周围的物体反射。有的光会在物体周围发生弯曲或者衍射，还有的光（例如X射线）会直接穿透物体。对于我们来说，依靠这些光来“看清”外部世界既不现实也毫无意义。

既然我们已经初步了解什么是不可见光，以及我们为何看不见它们，那么接下来就让我们逐一探索生活中形形色色的不可见光吧！

第3章　天王星与红外线

在我们所处的时代，新的发现层出不穷。从磁星（具有强磁场的特殊中子星）到嗜极生物（例如在近乎致命的温度下生存的生物），这一时代的科学发现可真令人惊讶。我们也习惯了为科学日新月异的发展而赞叹。

因此，我们很难想象1781年3月，一个发现竟然震惊了全世界。一位默默无闻的天文爱好者推翻了当时最伟大的思想，一举成名。

这个在当时家喻户晓的人物到底是谁呢？你可能从未听说过他。的确，人类历史上的伟人通常是那些敢于挑战未知的人，他们的发现意义深远或者超前于他们所处的时代。萨摩斯的阿利斯塔克（Aristarchus），首次提出地球绕着太阳转；艾萨克·牛顿解释了运动定律；阿尔伯特·爱因斯坦揭示了时空会扭曲和收缩，说明宇宙没有固定的大小。在这些卓越的人物中，我们必须要说一说威廉·赫歇尔（William Herschel）。1738年11月15日，他出生于德国汉诺威。或许他没有前面提到的那几位先驱才华出众，但是凭借坚忍不拔的努力，他像猎犬一样不懈地追随科学的气息，终于有了两项惊天的科学发现，而且都是歪打正着。

早期的生活对赫歇尔后来的事业没有起到半点作用。他不是贵族出身，父亲在军队里吹双簧管，他只是家中十个孩子之一。赫歇尔子承父业，在汉诺威护卫队里吹奏双簧管，年轻的他在音乐方面崭露头角，看样子很可能会把作曲作为毕生的事业。

18岁那年，他第一次来到英国，这里令他印象非常深刻。他下定决心移民，并在第二年就搬到了英国。在当今社会，追求音乐的人搬到一个陌生的环境寻找出路就像嬉皮士在做白日梦，但在当时这可是非常流行的做法。在18世纪中晚期，音乐方面的机会就数英国最多，莫扎特、海顿、亨德尔以及成千上万不知名的音乐家都被这个国度深深吸引，因此这里的竞争十分激烈。在那个不知复印机为何物的时代，赫歇尔靠抄写乐谱勉强维持生活。他的职业生涯慢慢地走上了正轨，能靠教学和作曲养家糊口了。1766年，他在著名的温泉城巴斯的一座豪华小教堂里得到了一份弹风琴的工作。赫歇尔不仅在演奏双簧管和风琴方面技艺高超，而且还擅长演奏小提琴和大键琴。他创作了24部交响乐和多部协奏曲，作品数量可观，即便是现在，它们仍被当作治愈失眠的良方。

然而，他对科学知识的兴趣远远超过了对音乐的喜爱。有一天，他阅读了罗伯特·史密斯（Robert Smith）的《完整的光学系统》（*A Compleat System of Opticks*），掌握了制作望远镜的技术，从此他的人生发生了巨大的改变。强烈的好奇心驱使年轻的赫歇尔并不仅仅观察和描绘月球、行星，模仿当时的天文学家。最初吸引他的是遍布夜空的模糊星云。人们通常以为那是发光的流体，它们背后的神秘世界就连月球上的山脉和陨石坑都无法比拟。那隐隐约约的一大片东西究竟是什么？它们的光太过微弱，必须使用比当时最大的望远镜还要大的设备才能看得清楚，这是因为望远镜呈现图像的亮度和清晰度与其主透镜的直径成正比。和现在一样，当时人们面临的最大的问题是，大型望远镜的价格都贵得离谱，而且大多质量不高。

如果想用足够大的镜片近距离观察星云，赫歇尔就只能亲自动手制作。那个时代还没有专门的镜片玻璃，赫歇尔便在地下室熔融金属，将铜、锡和锑混合在一起做成圆盘状的坯料，再磨制成镜片。虽然第一个镜片在冷却时碎裂，沦为了价格不菲的镇纸，但最终他还是成功地制造出了巨大的镜片，它的直径差不多有60厘米，聚光性也比当时最常见的15 ～ 20厘米的镜片强很多。不仅如此，这些镜片的抛物曲面外形非常精确、考究，质量极高，不论是用它们观察遥远的恒星、行星还是星系发出的光，都能获得理想的聚焦效果。赫歇尔自制设备的性能甚至超过了著名的格林尼治皇家天文台的望远镜。他还为自己制作了目镜。

赫歇尔的哥哥亚历山大（Alexander）和妹妹卡罗琳（Caroline）也参与了这项工作。在赫歇尔漫长的余生中，卡罗琳一直都是他忠实的助手，并最终凭借自己的实力成为受人尊敬的科学家。

这一家不同寻常的兄妹和他们无与伦比的巨大望远镜的故事慢慢地传到了英国知识阶层。赫歇尔利用这些望远镜展开了一生中最消耗精力的事业——观察整个天空。这项工作结束后，他又制造了一台更大的望远镜，并完成了对天体更周密、更详尽的观测。接着，1781年3月13日，在第三次也是最全面的一次天体观测过程中，他的观察结果不但改变了自己的一生，还轰动了全世界。

赫歇尔发现了一颗绿色的“星星”，它不是一个小亮点，而是差不多有圆盘那么大。起初，他推测那是一颗彗星。但事实证明它不是，因为它从来没有形成过彗尾，也没有彗星常见的极扁的椭圆形轨道。通过每晚观察这个天体的缓慢运动，他很快意识到，这是一颗绕着太阳运动、周期为84年的新行星。他曾试图以英国国王乔治三世的名字将它命名为“乔治之星”，目的是引起国王的注意并讨他的欢心。然而，其他科学家坚持要求按照传统方法，用罗马神话中神的名字来命名它。因此，这颗首个被人类通过真正意义上的科学探索发现的行星就叫作天王星。

整个世界都震惊了。我们最为熟悉的那五颗行星[1]自史前就已为人们所知，《圣经》、《吠陀》（用古梵文撰写的印度教圣书），以及古埃及的莎草纸都有记载，所以根本没人想到，除了它们之外，宇宙中还存在其他行星。无论是先知、

[1] 即水星、金星、火星、木星和土星。——译者

宗教圣书、伟大的思想家，还是尊贵的委员会和哲学流派，都没有料到宇宙中可能存在因为光芒太过微弱而不易被观察到的其他星球。另外，望远镜在当时已有170余年的历史了，不计其数的天文学家将天空仔细地翻了个遍。宇宙中（除了地球）只有太阳、月亮，以及五颗行星——人们没有丝毫理由去怀疑这件事，直到赫歇尔推翻了这个“事实”。这一发现令人震惊的程度就好比现代科学家突然宣布，控制我们思想的是大脚指甲而不是大脑，或者告诉我们月亮是空心的，上面还住着一群猴子。

实际上，裸眼隐约可以看到天王星。我在没有任何光学辅助设备的情况下看到过它。不论用哪种望远镜观察，那片绿色的世界都是如此耀眼、辉煌。为什么人们没能早点发现它呢？这个问题在知识分子当中引起了极大的恐慌，成为百年间人们讨论的热点。

一夜之间，赫歇尔从一个业余的望远镜制造者和不出众的古典作曲家，变成了世界上最著名的科学家。英国皇家学会授予他科普利奖章（Copley Medal），在那个时代，这相当于他获得了诺贝尔奖。刚刚失去美洲殖民地的乔治三世国王迫切需要一些威望，他对赫歇尔试图将新行星命名为乔治的事乐不可支，并因此赏给他每年200英镑的津贴。

这样一来，赫歇尔就可以把全部精力放在天文研究上了。在接下来的40年里，他兢兢业业，不辞辛苦，制造了更大的望远镜，并试图解决棘手的星云问题：揭开星际之“云”的本来面目。用最先进的设备进行观察后，他很快发现，大部分发光的斑点其实是多颗分离的行星，这使他错误地断定星云的本质就是团聚的星辰。但是，不管他用多大的望远镜、多大的放大倍数去观察，总有一些星云依旧无法看清楚。赫歇尔便认为它们一定非常庞大，距离我们非常遥远。因此他得出结论，整个宇宙就是由这样巨大的星团——恒星的都市——组成的，它们后来被称为星系。

1786年，赫歇尔举家搬到了斯劳（Slough），在那里度过了余生。但凡晴朗的夜晚（在英国，这样的夜晚很少，并且时隔很久才会出现；如果天气晴朗，他就雇一个更夫负责叫醒自己），赫歇尔都会用目镜一边观测天空一边口授，卡罗琳则在一旁做记录。为了增加收入，赫歇尔还为别人制造望远镜——当时最先进的设备。

赫歇尔鉴定了848个双星，发表了70篇科学论文，还计算出了太阳在太空中的空间运动方向。他发现了土星的两个卫星并提出了"小行星"（asteroid）一词。他还是第一个宣称银河系的形状像煎饼的人。对于一个双簧管演奏员来说，取得这样的成果已经相当不错了。

但是，我们在这里要说的，并不是赫歇尔发现天王星的壮举，而是1800年在他光辉职业生涯接近尾声时的另一个发现。事实上，天王星的发现太过轰动，以至于他之后的成就在传记中几乎很少被提及。《不列颠百科全书》（*Encyclopedia Britannica*）中用了1700个英文单词对他进行介绍，其中却只有10个单词提到他是有史以来第一个发现不可见光的人。

赫歇尔是第一个用科学方法发现不可见光的人，但他不是第一个推测不可见光存在的人。推测者的研究成果在几十年前消失不见，没有留下任何痕迹，所以赫歇尔和其他人一样，对先前已有的推测一无所知。1749年去世的艾米丽·沙特莱（Émilie du Châtelet）是法国作家、物理学家和数学家，她最伟大的成就是翻译并诠释了牛顿的主要著作《自然哲学的数学原理》（*Philosophiae Naturalis Principia Mathematica*）。如今，她的译作在法语界仍被广泛传阅。艾米丽在18世纪初的巴黎长大，她生活在一幢有30间居室的洋房里，可以俯瞰杜乐丽花园（Tuileries Gardens）。小时候，她很喜欢偷听来访客人们（尤其是天文学家）的谈话，并逐渐展露出在科学和数学领域的天赋，这在当时的女性中是极为罕见的，因为她们通常很少有机会接触这些学科。（作家伏尔泰后来形容她是"一个伟大的人，唯一的缺点就是身为女性"，这也反映了在那个时代，女性想要作为科学家获得尊重和认可几乎是不可能的。）

艾米丽20多岁的时候认识了39岁的伏尔泰，他们坠入爱河，不久便一起在法国东部的一所大房子里生活了。他们在那里成立了一个研究中心。她钻研科学，而他思考哲学，并且有欧洲各地的贵宾定期前来拜访。

在一个夏日的夜晚，艾米丽深刻领悟到了光的本质，这比一个世纪后摄影技术的诞生和红外线的发现影响更加深远。受到伏尔泰的些许影响，她用准确的语言描述了自己的想法，成为法国18世纪唯一一位发表过科学论文的女性。她在1737年完成的《论火的本质和传播》（*Dissertation on the Nature and Propagation of Fire*）最终发表于1744年。在文中，她预言存在一种看不见的光，她认为那是火焰热量的源头。

和伏尔泰分手后，她爱上了一位法国诗人，就在这段关系结束时，她发现自己不小心怀上了孩子。在那个年代，40多岁怀孕风险极高，艾米丽有种预感，她觉得自己会在分娩的时候死去。她几近疯狂地赶完了那部翻译并评论牛顿理论的杰作。不幸的是，预感成了现实，生完孩子后不久，她便离开了人世，年仅42岁。同样令人痛心的是，她未婚生子的消息一经传开，便引起了不小的骚动，丑闻让人们很快将她的生活、工作和成就抛在脑后。直到20世纪，她的贡献一直无人问津。2006年，人们对她的重新关注使得她的成就重见天日，她这才真正为世人所知晓。总之，艾米丽的论文刚发表就从人们的视线中消失了，所以赫歇尔根本不知道她预测过不可见光的存在。

天王星的发现令赫歇尔声名鹊起，在那之后的整整19年里，他仍然不断进行着实验和观察，妹妹卡罗琳也一直在他身旁做记录，以助手的身份为赫歇尔的研究默默付出。但是谁都没有料到，他再次震惊了全世界。

1800年，赫歇尔已经知道，可见光照射在任何物体表面时，都会有一部分能量被吸收，因而物体表面会发热。他还知道深色物体吸收的热量明显比浅色的更多，因为它们热得更快，但是像白纸这类物体会反射大部分光线，几乎不会变热。

于是，赫歇尔用两个望远镜观察太阳。他用深色的玻璃滤光片筛掉了大部分光线，以便更好地进行观测。然而透过滤镜，他仍然能感觉到阳光发出的热。他发现，有的滤光片似乎能让更多的光通过，而有的则传递更多的热。他记录了这种现象：观察太阳的时候，一些特定的滤光片即使透过“很少的光，也能（让人）感觉到热量；而另一些能透过……大量的光，却几乎（让人）感觉不到热量”。

一直以来赫歇尔都对事物的本质抱有好奇心，于是他决定亲眼看看各种颜色的玻璃传递热量的程度。某些颜色真的比其他的颜色“更热”吗？这类问题虽然非常简单，但是从来没有人研究过。

赫歇尔设计了一个装置，可以让阳光穿过一个狭窄的缝隙，变成一束光。卡罗琳则在一旁握笔观察。当这束光击中棱镜时，便会在桌面上色散出一道包含光谱上所有可见光的彩色光带。赫歇尔在桌面上摆了三支温度计，其中有两支放在远离光谱的阴影里，作为“对照标准”，用于测量无光照区域的温度。接着，他把第三支温度计放在彩色光带里，逐一研究光谱中每种颜色的光。

赫歇尔反复测量了光谱上紫色、绿色和红色区域的温度。每当发现温度上升，他就会读取数据，让卡罗琳记录下来。他将温度计在每种颜色的区域里放置8分钟，发现紫色区域的温度计读数平均升高了1.11摄氏度，绿色区域1.67摄氏度，红色区域3.83摄氏度。红光比其他任何颜色的光更热！

很显然，要么阳光中的红光具有更强的加热效果，要么到达桌面的红光比绿光或者紫光更多，后一种解释似乎站不住脚，因为红光看起来并不比其他颜色的光更明亮。

接下来，历史性的时刻到来了。准确地说，这是一种偶然。多了解一些我们就会明白，许多伟大科学成就的发现源于偶然。实验过程中，赫歇尔离开房间，休息了一会儿。太阳在空中慢慢地移动，光谱随之在桌面上悄悄变换了位置，赫歇尔精心放置的温度计脱离了可见光的照射。他回来以后，瞥了一眼原本放在红光位置的温度计，它已经躺在光谱红光之外的阴影里了。他惊讶地发现，温度计的示数竟然比之前在红光下高得多。发生了什么事？他反复查看读数。渐渐地，他明白了。阳光中看不见的“热射线”经过棱镜的折射，正好位于光谱红光一端之外。

赫歇尔继续在不同的位置进行测量。如果把温度计放在光谱红光之外十几厘米的地方，那么它的示数就和另外两支对比温度计差不多了。他还观察了光谱紫光之外的区域，也没有发现温度变化。

图3-1 威廉·赫歇尔拥有两项惊人的科学发现，为世人所知的第一种不可见光就是他发现的（图源：维基百科）

赫歇尔在英国皇家学会的期刊上发表了三篇论文，汇报了他的研究成果。很快他又通过进一步的实验发现，地球上也有这种不可见热射线的源头（例如，煤气灯和蜡烛）。在第二篇论文的结尾，赫歇尔指出，光和热是同一现象的组成部分，这两种看上去完全不同的东西其实具有相同的来源。他写道：“哲学原理告诉我们，如果某些现象能用一个原因来解释，那就不该用两个。”

在这里，赫歇尔提到的是他那个时代所熟悉的科学原理：奥卡姆剃刀原理（Occam's Razor）。它是由英国圣方济各会修士奥卡姆（William of Ockham，1287 ~ 1347）提出的，他认为，对于一个给定结果，在所有可能的解释中，假设最少的那个最有可能是正确的。换句话说，科学假说越简单越好。如果你的汽车一大早就无法发动，那么你完全可以猜想是陨石坠落损坏了点火系统的电路板，但更常见的推测是电池没电了，或者汽油耗尽了。简单的假设被证明是错误的时，我们才会转而研究复杂且有点离奇的假设。

所以，赫歇尔认为是棱镜分离了光和热，并将它们并排“摆在”桌子上。然而更简单的（并且后来被证实是正确的）假设是，光包含人眼能够看到的部分，也具有皮肤能够感受到的热（温度计测量到的结果）。他还提出，不同颜色的光可能对化学物质及反应产生不同的影响，这预示了半个世纪后摄影技术的诞生。

赫歇尔把这种偶然发现的不可见光称为发热射线（calorific ray），并指出它像可见光一样可以被反射、折射、吸收和传递。（后面我们还会提到这些相似的性质，因为其他形式的不可见能量不具备这种特点，也不会表现出可见光的特性。）尽管源于拉丁文“calor”（发热）的发热射线是个合乎逻辑的名字，但是最终人们没有采用它。这种光被重新命名为红外线，以体现它在光谱中的位置。当然，这种叫法也很合理，毕竟“红外线”的确在红光之外。

赫歇尔提出，如果能在遥远的外太空探测到这些射线，那么我们也许能打开新世界的大门；如果只盯着可见光，我们将永远停滞不前。事实也证明了这一点。今天，超过一半的新型望远镜都可以用来探测红外线，其中包括一再推迟发射的巨大的詹姆斯·韦伯太空望远镜（James Webb Space Telescope，JWST）。现代天文台都坐落在高山顶上，原因之一是，那里的大气层吸收或者阻挡的宇宙红外线最少。欧洲航天局（European Space Agency，ESA）发射的轨道红外望远镜的镜片直径有3.5米。它虽然比詹姆斯·韦伯太空望远镜小，但比哈勃空间望远镜（Hubble Space Telescope）大得多，人们将其命名为赫歇尔空间天文台（Herschel Space Observatory），还煞费苦心地解释说，这个名字纪念的是威廉和妹妹卡罗琳两个人。它被用于探测宇宙中由于温度过低而无法发射可见光的天体的辐射。

因此，我们可以说，赫歇尔兄妹对红外线的研究为后续涌现的发现指明了方向，也为探索另一种（十分可怕的）不可见光铺平了道路。

第4章　热射线

在光谱上位于红光之后的光虽然不可见，但是它对我们来说非常重要。首先，千万不要人云亦云，把红外线和热量当成一回事。这不怪我们，因为大家都管浴室里深红色的大灯叫加热灯。在乍暖还寒的4月下午，有人可能会说浑身“感受到了太阳的热量”。以上说法都不准确。人们在这两种情况下感受到的其实都是红外线。

红外线不是热量，红外线产生热量。它们是两种截然不同的东西。现在，你可能是你们街坊四邻当中唯一明白这一点的人了。

红外线是如何产生热量的呢？我们可以认为红外线是波长为1毫米的不可见光，和其他形式的光一样，它也是由电子的运动产生的。另一方面，热量就是原子运动的结果，也就是微小粒子移动和振动的结果。当光以刚刚好的频率通过特定的点时，那个点上的原子就能从光中获得不少动力。如果有足够的光照射在物体上，那么这个物体所有的原子都会振动起来，于是就产生了热量。

正如赫歇尔发现的那样，阳光中的可见光也能够让原子振动起来，产生热量。但是，如果波长太短、频率太高的话，它们就几乎不会对原子的位移造成影响，这就是为什么绿光（还有蓝光和紫光）不会使物体发热。相比之下，红光的加热效果更好，而看不见的红外线加热效率最高。

假设你坐在一辆静止的车里，可见光透过玻璃照射进来。其中一些光能轻微地晃动仪表板、车内装饰，以及其他各处的原子。每个振动的原子都会以红外线的形式产生并释放一些动能，所以车内的红外线会变得越来越多。令人惊奇的是：玻璃对可见光来说是透明的（这好像是句废话），对于红外线却恰恰相反。这是因为玻璃中原子的振动频率与红外线的频率相近，二者在共振中形成了一道混沌的屏障，红外线因而无法向车外逃逸。可见光可以穿过玻璃照进车内，但是红外线却被困在其中，车窗玻璃仿佛成了红外线的牢笼。于是，车内的温度变得越来越高。因此，在阳光灿烂的日子，我们不能将任何活物留在封闭的汽车里。

这也是温室被称为暖房的原因，温室就是玻璃做的。我们让光照进来，又保证热量不会流失。

当你感受到"太阳的温暖"时，实际上是你皮肤中的原子振动得更剧烈了。阳光中的红外线引起了原子的加速运动，但是你无法感觉到它。阳光中有一半以上都是红外线，其中很大一部分被地球大气层所吸收，所以太阳温暖了你的皮肤、大地，以及它所接触到的一切。当它照射大地时，地面会迅速升温，而且会反过来加热地面附近的空气。热空气会不断上升，形成上升的热空气团。这种情况通常出现在4月下旬到8月下旬天气晴朗的上午九至十点钟。热空气上升到一定高度，便会以每升高305米下降2.8摄氏度的速率冷却。因为冷空气能够容纳的水蒸气没有热空气那么多，所以当热空气上升达到某一高度时，水就由透明气体变成了液体，也就是说，水蒸气会突然凝结成无数的小水滴，形成云。每立方米的云中大约含有5克水。难怪在大雾中穿行时，人们会有云中漫步的感觉，周围潮湿得不得了。

云层所在的高度其实就是上升的空气遇冷达到露点时的高度，水就在那里由气体变成了液体。在空气湿度较大的夏季，这个高度通常为1219米。而在气候干燥的蒙大拿州，这个高度差不多能达到2743千米。所以，红外线也会对天气产生影响。

图4-1 可见的云可以证明红外线的存在。阳光中的红外线能让地面升温，形成巨大的上升空气泡，直到它遇冷凝结，从气体变为液体（图源：鲍勃·博曼）

红外线与热量的另一个不同之处在于，后者的传播速度相当慢，而红外线是以光速传播的。记住，热量是原子运动产生的。如果你在炉子上放一口煎锅，点着炉火，那么随着温度升高，锅底的金属原子会振动得越发剧烈。但是，锅柄处的原子仍然是凉的，即使锅里的黄油熔化了，可以煎鸡蛋了，你依然能在一段时间里放心地握着锅柄。热量总是沿着单一方向进行传递，从温度高的区域向温度低的区域扩散，也就是说，高速运动的原子的动能会影响附近其他更稳定的原子，使它们也振动得更快，所以锅柄最终也会变热。这种振动就像多米诺效应一样从金属开始传递，直到锅柄也烫得无法触碰。只不过这需要一些时间。

我们接着说红外线吧。重申一遍，红外线是以光速传播的。假设你和朋友坐在篝火旁，即使距离很远，你也能感觉到火光照在脸上暖暖的。实际上，这是因为你接收到了火焰发出的红外线，它使你皮肤的原子运动得更快了。然而，如果有个身材高大的人站在你前面挡住了火光，那么你会立刻感觉到变化。面前这个家伙投下了一道阴影，挡住了红外线，而你就在阴影中，你之前感觉到的红外线消失了。

哪里有热量，哪里就有红外线，对警察、军队和天气预报员来说，这是个不错的消息。红外线能让原子振动，而原子振动产生的能量又会释放出新的红外线光子。除了在炎热的夏天，人的体温在任何情况下都比环境温度高，你身上振动的原子会发出红外线，在红外线传感器面前你将无处藏身。这种仪器还可以检测各种作物（比如大麻），因为每种植物都有精确的特征温度。另外，红外传感卫星能够根据云层顶部和底部的温度差来确定云的高度。

这种卫星还能够精确定位洋流，尤其是活动比较剧烈的洋流，例如沿着南美洲西海岸向北部延伸的秘鲁寒流。

和可见光相比，红外线更容易绕开障碍物，它可以被应用于无线电话和耳机。此外，几十年来，红外线一直被用来控制车库的大门，只要向装置中的红外探测器发送红外线，电机就会开始运转，打开车门。医学红外成像技术则是非常有用的诊断工具，这里利用了肿瘤通常比其周围组织温度更高的特点。红外摄像机能够非常有效地探测火情，因为它可以监测建筑物中的热量变化，还可以测试电子防火系统。

红外线最棒的一点在于，它对人体无害，这也是它区别于我们即将介绍的其他不可见光的重要方面。红外线不会致癌，它的加热功能不会对人的生命构成威胁。感冒发烧的时候，你全身的原子都运动得比平时快，相当于每小时超速4.8千米。你可以告诉医生，如此高速的运动令你十分不舒服，他可能会给你开些泰诺，然后说："吃点药，让它们减减速。"重要的是，原子运动稍微快一点并不会对你造成太大伤害。（当然也有例外情况，曾经有人和宠物死于中暑。）

图4-2 云层盘旋在特定高度，因为这里的气温能使大气中的水分由水蒸气变为液态水滴。产生这一变化的幕后力量就是看不见的红外线（图源：迈克尔·马赫）

但是，相比波长更短、频率更高的光（比如我们很快就会介绍到的 γ 射线和X射线，它们就会对人体造成严重的伤害），长波光线（例如红外线）要温和得多。红外线不仅人畜无害，还能让你觉得浑身暖洋洋的，因为它能产生热量。对于红外线带来的舒适和便利，我们要心存感激。

好啦，虽然从技术角度来说，这种称呼不够准确，但你还是可以管浴室里的大灯叫加热灯，反正你已经知道了事实的真相。

第5章　化学射线

接下来登场的不可见光是紫外线。这种光每年都会引起大量人员的死亡，所以备受人们关注。它的发现过程十分曲折，可以追溯到两个多世纪前，威廉·赫歇尔向全世界宣布发现“发热射线”一年之后。

约翰·里特尔（Johann Ritter）的人生故事与赫歇尔的真是天差地别。因为发现了红外线，赫歇尔被捧为名人，受人崇拜，幸福快乐地活到了80多岁。相比之下，1801年发现紫外线的里特尔却被忽视了，他在年仅33岁的时候就贫困潦倒地离开了人世。这似乎不太公平。

1776年，也就是赫歇尔发现天王星的5年前，里特尔出生在萨米茨（Samitz，今属波兰）。他是新教牧师的儿子，在拉丁文法学校上学，14岁的时候被父亲送到附近的城市学习成为药剂师。在学习和实践的过程中，里特尔对科学产生了浓厚的兴趣，并且动手做了大量实验。然而19岁那年，他的生活发生了变化：父亲去世了，留下一份微薄的遗产，他靠这笔钱在1796年4月进入耶拿大学读书。在那里，他结识了当时最著名的科学家之一，亚历山大·冯·洪堡（Alexander von Humboldt），与此同时，他开始研究电及其对人体的影响。

21岁时，里特尔研究和发表的电化学和电生理学论文已经赢得了不少关注，这让他具备了在科学界不朽人物的行列中占得一席之地的资格。24岁那年，他创造了世界上第一个干电池组，然后迎娶了年轻漂亮，与他共同生活多年的女友，他的人生之路眼看就要扶摇直上了。

然而事与愿违。里特尔好与人争执，他曾因为讲师任命的事与大学领导发生冲突。后来，欧洲更大的科学组织开始质疑里特尔的成果，甚至对他所陈述的诸多事实产生了怀疑，因为他经常用哲学或者玄学的妄言妄语来描述结论。

主要问题在于，他捍卫的是自然哲学原理，这在当时德国的一些知识分子中非常流行。里特尔认为，宇宙是一个“整体”，其中所有的学科都是互相联系的，并且宇宙拥有“世界灵魂”，这是一种天生的、内在的、神一般的智慧，这是里特尔工作的落脚点。他还认为极性（二元对立原则）支配着自然。里特尔深信科学的方方面面归根结底都能用类似磁铁南北极这样的成对的概念来解释，在他看来，成对的元素通常相互对立。他为自己的信仰四处搜罗证据。他做过一个实验，以此推进了早期科学家将水电解为氢气和氧气的研究。他还指出，空气主要是由氧气和氮气组成。这些全都是成对出现的，于是他便认定，地球上除了相对的磁极之外，还存在相对的电极。

正是对二元性的痴迷成就了里特尔后来的伟大发现。当然，赫歇尔发现可见光谱的红光一端之外还有发热射线的事他是有所耳闻的。于是里特尔假设，在可见光谱的另一端（也就是紫光一端）之外说不定存在“冷却光线”。

他开始模仿赫歇尔的实验，但是很快就发现温度在紫光一端并没有下降，于是他决定另辟蹊径。既然找不到光引起的物理变化，他便开始寻找化学反应。那个时候的人们已经知道，浸泡过氯化银的纸在阳光下会变黑，这一发现最先奠定了摄影的基础。里特尔想弄清楚，是否所有颜色的光都会以相同的速率产生这种反应。他用棱镜将阳光色散开，把泡过氯化银的纸放在不同颜色的光下。经观察，红光的效果微乎其微，绿光反应较快，而紫光是最快的。然后，里特尔把泡过氯化银的纸放在可见光谱紫光一端之外，结果发现实验用的纸比在紫光下黑得还要快。很显然，超出可见光谱紫光一端有某种不可见光能够催生同样的反应，而且效果惊人。

里特尔成功了，他发现了一种全新的不可见光。可惜的是，他认为这可以证明可见光谱紫光一端之外存在的“还原射线”，与红光之外的“氧化射线”是一对儿。从这里我们又能看出他对二元性的痴迷。消息很快就传遍了全世界，人们立即抛弃了“氧化射线”这种叫法，他们将新的不可见光命名为化学射线，并且在整个19世纪几乎一直这样称呼它。直到赫歇尔和里特尔去世之后，“发热射线”和“化学射线”才被重新命名为红外线和紫外线。

你一定以为如此重大的发现会让里特尔拥有和赫歇尔一样的地位，然而并没有。首先，里特尔仍旧喜欢用极性、灵魂，以及自然哲学中“天人合一”的理念来描述自己的研究结果。而且很快他就变本加厉，在论文中频繁加入超自然实践的内容，例如引用寻水术（使用一根占卜棒来寻找地下水）。他以为自己找到了支配人类和自然现象相互依存的一般原理，并将这个新的研究分支命名为铁磁学[1]。他甚至发行了以此命名的期刊，结果无人问津，出版了一期之后便不了了之。

也许最大的问题在于，里特尔发表文章需要的时间太长——在有了新发现或者完成原创性实验之后（他的一些实验确实令人振奋并且意义深远），里特尔会在科学杂志上发表一个简短而隐晦的声明，然后再花上几年时间吃力地解释自己的发现。但是他只会把这些写在书里，并且在描述实验结果的时候牵扯一些不相关的超自然现象。他曾经承认，两个月的实验和发现他需要耗费两年才能完全写清楚。

这实在太拖沓了，在科学发展日新月异的时代尤其明显。虽然里特尔的研究很重要，但是他的电学研究成功传到欧洲科学界的时候已经过时了，何况还遭到了质疑。

总而言之，里特尔写了13卷书来记录他的科学发现，收录其中的都是他的

[1] 铁磁学（siderism），一种与动物磁流学说现象相似的现象，从前被认为是由铁或其他无机物体与人体结合而产生的。——译者

突破性成果，包括电对动物的影响，当然还有第一个干电池组。他还发表了20篇期刊论文。然而，尽管成果丰硕，他仍然不被世人所知晓，也没能获得任何教职。他负债累累，无法养活家人，身体也每况愈下，刚过完33岁生日就因肺部疾病而不幸离世。

他的故事是所有不可见光发现者中最悲惨的。在他去世后的几十年里，几乎没有人听说过他，尤其是在德国以外的地方。即使是今天，他仍然不为人知。虽然里特尔默默无闻地在人世间走了一遭，但他发现的紫外线却引起了越来越多的关注。不久后人们发现，紫外线是一种与人类生命息息相关的不可见光，它的辐射会严重影响人们的健康。

第6章　紫外线的危害

说起紫外线对人类的影响，我的心情有些复杂：没有它，我们无法生存，但是每年又有太多不幸的人因为它而失去生命。

紫外线的能量来自它极短的波长。赫歇尔发现的红外线波长最长1毫米——大约一根针粗细。它们每秒至少振动30 000亿次。紫外线的波长最短只有几十纳米，这样小的尺度需要通过电子显微镜才能观察到。每秒钟至少有750万亿个紫外光波经过你身边。波长较长的光（例如红外线、微波、无线电波和可见光）能够振动整个原子，甚至让活体组织温度略微升高，但是它们的能量非常微弱，不足以破坏原子结构。而紫外线的超高频率赋予了它从原子中剥离电子的能力，它可以让原子分裂，发生电离。

正是这种电离能力让紫外线变得异常危险。如果关乎人体健康的原子（例如组成DNA的原子）被电离，那么人受到的伤害很可能是致命的，这可能意味着基因和细胞突变——癌变前兆。美国每年有8000多人死于黑色素瘤（皮肤癌），诱因几乎都是紫外线照射。另一方面，人体在受到紫外线照射时会产生维生素D，这可能是已知的最有效的防癌物质。2016年，某大型医学杂志宣称，照射紫外线有助于预防胰腺癌。

在大气层之外，阳光中10%的能量位于紫外线的波段。但是大气能够非常有效地阻挡它们，使得77%的紫外线无法到达地表。因此，在地面测量到的阳光中最多只含有3%的紫外线，其余成分包括44%的可见光和53%的红外线。地球表面的紫外线强度还会随着时间和季节变化。在一天之中，太阳直射头顶的时候紫外线最强；在四季之中，夏天的紫外线最强。

紫外线并不是一个样儿。照射在人体上的紫外线95%是长波紫外线（UVA），这是能量最弱、波长最长（3200 ~ 4000埃）的一种紫外线，我们有时甚至能看到它呈现出紫色。用棱镜将阳光色散形成七彩光谱，边缘处看起来紫色最深的部分（也就是紫光马上消失之前，颜色稍微变暗的地方）就是UVA。从理论上讲，UVA与恶性黑色素瘤有关，但是总的来说它还算安全。

然而，只要波长再稍微短一点点，危险的程度就会大幅上升。就算人眼能看到紫外线，我们也难以从外观上区分波长3000埃与波长3200埃的紫外线。波与波之间的距离只不过缩短了那么一点点，波长3000埃的紫外线晒伤速度就比波长3200埃的要快80倍！

短波紫外线（UVC）波长极短（2000 ~ 2800埃），是最强大、最致命的一种紫外线。UVC不仅致癌，还能快速灭菌。幸运的是，大气层非常有效地阻挡了UVC，每3000万年才会有一个UVC光子到达地球表面，所以我们不必担心它会危害我们的健康。（那些热衷于幻想未来人类开拓外星殖民地的人应该多了解一下UVC的特性，任何宇航员在任何地方都沐浴在超强的UVC之下，不论是在火星还是月球。）

我们的头号公敌其实是中波紫外线（UVB，波长范围2800 ~ 3200埃），它是导致晒伤和各种皮肤癌的罪魁祸首。UVB是紫外线中的“金凤花姑娘”[1]，它的波长不长不短，既具有电离能力，又能穿透大气层。此外，UVB还有一项看家本领，就是诱导皮肤每分钟产生1000个国际单位的维生素D。这是非常惊人的速度，而且对我们大有裨益，因为这样一来，我们用不着在紫外线下暴露太

[1] 美国传统的童话角色。她喜欢不冷不热的粥，不软不硬的椅子，总之是“刚刚好”的东西，所以美国人常用金凤花姑娘（Goldilocks）来形容“刚刚好”。——译者

久，也能获得足量的维生素D。

人体接收到的光中，大约1%是紫外线，如果阳光直射头顶，那么这个比例还会更大。这听起来似乎不算什么，但事实上，这意味着每秒钟人体要接收100万兆个紫外线光子。紫外线光子可是个个都有可能导致基因突变的。流行病学家已经发现了一种令人不安的联系：一个人终生受到的紫外线照射每增加1%，他患上皮肤癌的可能性就会增加1%，尽管真正致命的皮肤癌似乎主要源自严重的晒伤，而不是普通的阳光照射。很显然，预防的关键在于避免晒伤。

这比听上去困难得多。紫外线实在是令人难以捉摸，所以充分了解紫外线，用知识来武装自己、保护自己是很重要的。仅仅躲在沙滩伞下面是远远不够的，因为1/3的紫外线会在大气中发生散射，所以它会从四面八方来到我们身上。由于大气的散射，你所接触的紫外线中有一半并非直接来自太阳，那些已经被散射在空中的紫外线防不胜防。如果你在户外，那么躲在阴凉处是不足以防止晒伤的，所以，在夏季，很多自以为足够小心的沙滩游客还是会把肩膀和脸晒得通红。不论你是在太阳下还是在阴凉处，周围的环境都有可能让你晒黑或者晒伤。干燥的沙子会反射12%的紫外线，潮湿的沙子会反射5%的紫外线，所以挑选到合适的地点铺沙滩垫，你就能大大降低被晒伤的可能性。涨潮的地方有海浪，周围的沙子是潮湿的，所以在这种地方待着不容易被晒伤。植被能够吸收几乎所有的紫外线，将很少的一部分反射出去。因此，和在海滩上玩耍时相比，你在草地上野餐的时候能暴露在较少的紫外线下，另外，你需要应付的是蚂蚁而不是沙蝇。你可能已经注意到了，人在刮风的天气里更容易被晒伤。这是因为水在平静的时候通常会吸收紫外线，然而一旦有起伏波动，水对紫外线的反射效果就会变得更显著。因此，在湖边或者河边野餐的时候，风平浪静的日子更加安全。

提到紫外线和暴晒，我们马上就会联想到海滩，然而事实上积雪对紫外线的反射率更高，甚至是干燥沙子的6倍。照在积雪上的紫外线80% ~ 90%会被反射，这么一说，你肯定会觉得滑雪的人容易被晒伤。其实也不一定，这和他们滑雪的时间有关。

在一天之中，紫外线的强弱取决于时间和太阳高度。太阳下山时，光线穿过的空气量会增多。这是因为下层大气比上层更加稠密，视线较低时，下层大气对我们的影响很大。我们用具体的数字来看一看：以光从正上方直射穿过的空气量为参照，位于天空三分之一高度（30度）的光要穿过双倍的空气量，而落日的余晖则要穿过14倍的空气量。因为大气能够过滤紫外线，所以空气越稠密，通过的紫外线就越少。每年4月下旬到8月中旬的上午11点到下午3点都是太阳高度很高的时间段，你可能会在一个小时甚至更短的时间内被晒伤。

在春季和夏季，一天当中紫外线强度最低的时间段是早上5点到9点，以及下午5点到8点。和正午阳光相比，这7个小时里的UVA强度减少了一半，UVB至少下降了80%。虽然这时候的阳光给人的感觉依然强烈，但是并不容易把人晒伤。这段时间里，阳光中红外线的强度没有减弱，所以你的皮肤可能暂时被晒红，但是紫外线很弱，所以你不会受伤，除非你非常白嫩。如果你出身于一个蓝眼金发的家族或者红发之家，受到轻微刺激就会被晒伤的话，那么对你来说，夏天最安全的户外活动（前提是不需要戴帽子或者涂防晒霜）就是在傍晚时分，在有植被覆盖的环境中野餐。草丛能够吸收紫外线，仅将其中的3%反射到你身上。

让我们回过头来聊聊滑雪。因为11月到次年2月这段时间里，太阳高度一直很低，所以就算在外面待一整天，你接收的紫外线的量也是非常少的。但是再往后，太阳的正午高度便日渐上升，每周上升的高度（看起来）相当于两个太阳的宽度。从3月中旬开始，正午时分的积雪会反射大量的紫外线，所以晚季节滑雪很容易会造成严重晒伤，这在3月下旬尤其明显。这个时期积雪反射的紫外线导致人体晒伤的速度比12月快了3倍。

在大雾蒙蒙的天气里，紫外线的量会减少一半。当空气非常潮湿时，晒黑或者晒伤所需要的时间是平时的两倍。棉质T恤和汗衫能够阻挡90%的有害紫

图6-1　由于地平线附近的空气稠密，太阳落山的时候，照在我们身上的可见光和红外线都会减少，紫外线含量基本降低为零。所以，在太阳下山前的两个小时里，你不用担心自己被晒黑或者晒伤（图源：鲍勃·博曼）

外线，但是防紫外线效果最好的面料是密织布（例如牛仔布）。尽管颜色的影响不大，但是明亮的荧光黄阻挡的紫外线总归比柔和的颜色（例如灰色）多一些。

单层玻璃窗能够阻挡从外面照射而来的半数紫外线，标准的双层玻璃窗效果更好。假设在户外1小时就能让你晒黑，那么有了普通窗户的遮挡，阳光想晒黑你就需要15个小时。所以，尽情在家里享受你梦寐已久的全裸室内日光浴吧，只是要当心附近有没有猥琐的邻居。减少紫外线暴露的办法用得越多，你就越安全。当冬天太阳高度很低的时候，身处温室中的你起码要经过160个小时的正午阳光照射才会被晒伤。

出行的目的地当然也会影响紫外线暴露的程度。低纬度地区紫外线最强，因为那里一年四季太阳都很高；湿度较低的地方，例如澳大利亚的大部分地区，紫外线也是非常强烈的。你可能还不知道，去海拔高的地方就能多遇到很多紫外线，每上升305米，紫外线强度就会增加4%。因此，尽管科罗拉多的莱德维尔（Leadville）和华盛顿位于同一纬度，太阳高度相同，但是前者所获得的紫外线照射比后者要多40%。

云层在很大程度上也能够过滤紫外线，这没什么可惊讶的。“乌云密布的天气里通常没有紫外线，”美国国家航空航天局（NASA）大气物理学家杰伊·赫尔曼（Jay Herman）在发给我的一封电子邮件中写道，“正因如此，居住在晴朗的澳大利亚的人患皮肤癌的概率比大多数美国人高很多。”在这里，云层的厚度非常重要。阴沉昏暗的云层可以挡住所有紫外线，又高又薄的卷云层则对紫外线束手无策。

其实，保护我们免遭紫外线伤害的最大功臣聚集在10 ~ 56千米高空，它们是由3个氧原子组成的淡蓝色气体分子。臭氧层是地球抵御紫外线的主要屏障，在海拔24千米处最为稠密。但是这道屏障令人难以置信地娇贵：空气中所有的臭氧都沉淀在地球表面，也只有两枚叠起来的硬币那么厚。

破坏臭氧的化学产品——例如氯氟烃（CFCs，用于气溶胶喷雾器和制冷剂）和卤代烷（用于灭火器）——已经被禁用了，但是曾经被释放出来的有害分子还会在未来几十年里继续对臭氧层造成破坏。NASA的物理学家用特殊的卫星监测臭氧层对紫外线的作用，他们预测，臭氧层要到2050年才能回归正常的水平。在那之前，皮肤白嫩的人要记得远离正午的阳光，千万别学疯狗和英国人[1]。其他人也要判断每天太阳的变化情况，适当考虑涂抹防晒霜。防晒系数（Sun Protection Factor，SPF）代表了这类产品的有效程度。一款防晒乳液上标

[1] 出自诺埃尔·考沃德（Noel Coward）的著名歌曲《疯狗和英国人》（*Mad Dogs And Englishmen*），其中有句歌词是“唯有疯狗和英国人才会在烈日当头的正午跑出去”。——译者

明SPF10，那就表示，如果当前紫外线的强度能在1小时内晒伤皮肤，那么涂上它之后，就可以在10小时内阻止晒伤。

图6-2 太阳风——太阳上层大气中带电粒子的连续流动——激发了距离地球表面将近160千米的空气原子，形成了美丽的极光。你可以在阿拉斯加中部看到它。无论你身在何处，天空每晚都会发出可见光（由大气中受太阳激发的原子发出紫外线形成），不过要比白天的光昏暗一些。天空总是在发光！所以，在远离人造光的乡村，只要上方没有叶子遮挡住天空，夜间徒步旅行的人就能够看清脚下的路（图源：安贾利 · 贝尔曼）

大多数防晒霜中含有二氧化钛或者氧化锌，这些化学成分能够反射、散射或者吸收紫外线，并将其作为热量消耗掉。实际上，SPF30的防晒霜能够达到SPF90的产品96%的防护效果，也就是说，只要在白天按照需要反复涂抹，使用SPF30的防晒霜也是可以的。

如果你是长时间在室内工作的人，那么你也许会庆幸自己几乎晒不到太阳，进而彻底避免了紫外线所带来的困扰，但事情并没有你想的这么简单。虽然紫外线对我们的健康存在威胁，但是它也在维持着我们的生命，它还能治愈疾病。不过，生活方式的改变使我们越发难以获取人体必需的紫外线了。

第7章　昼夜交替

人们总是把昼夜的交替循环当成是理所当然的。曾经，我们也遵循这样的规律，日出而作，日落而息，那时的人们别无选择。但是，时代已经变了。

我们都知道，地球自转一圈需要24小时——准确地说是23小时56分钟4秒，如果以遥远的恒星为参照点的话。我们还知道，昼出夜伏的动物依照大自然的昼夜变化调整活动和睡眠。但是，人类总是在某种程度上高出普通动物一等。20世纪40年代，西方国家城市里大多数经验丰富的妇女认为，给婴儿哺乳是没有必要的落后行为，她们相信奶粉或者瓶装配方牛奶能替代母乳。我们也想象自己不必墨守成规，甘做白天的奴隶。正如莎士比亚笔下的朱丽叶说过的："世人从此恋上夜晚，不再崇拜那炫目的艳阳。"

从19世纪开始，美国和欧洲部分地区的居民逐渐脱离以农业生产为主的户外生活，稳步转向以工业劳动为主的室内生活，人们就这样慢慢地远离了风吹日晒。20世纪早期，商业领域新兴的夜班机制更是加速了这一进程。多亏了托马斯·爱迪生（Thomas Edison）发明的灯泡，工厂的生产流水线可以全天运行。同时，越来越多的人进入开设夜校课程的大学读书。我们的社会已经变了样：有不少人在夜间工作学习，却在白天睡觉。除了关键时刻打呵欠略显尴尬以外，这一切似乎并没有什么严重的后果。然而，事实证明我们又想错了。

当很多人的工作时间和地点向夜间和室内转变时，白天上班的人也开始有意避开阳光直射。他们要躲的不是可见光，而是看不见的紫外线。20世纪50年代末，美国户外运动（如钓鱼、高尔夫和网球）盛行，再加上人们大量涌向西南部阳光明媚的城市，致死率极高的黑色素瘤的发病率开始上升。尽管每年只有约8000人因此而丧生，这却成为媒体争相报道的新闻。很快，一提到阳光，人们就谈虎色变。

令人们越发恐惧的是，更常见的皮肤癌确实成了地方病。其实这种癌症的破坏性没有那么大，然而在大众眼中，癌症就是癌症。如果医生确诊你长了肿瘤，你肯定也会非常不安。即便他告诉你那是良性的，不会转移，不大可能引起严重的后果，你依然无法将注意力从那两个可怕的字眼上转移。

曾有研究表明，在阳光强烈的地区，皮肤癌发病率更高；此外，经常在户外活动（乘船或者打高尔夫）的人皮肤癌的发病率最高。对于大众和医生来说，知道这些信息就足够了。于是，“避免阳光照射”就作为抗癌建议进入了人们的视线。

有了现代建筑，人们在20世纪60年代就很容易做到这一点了。为了有效阻挡阳光中的紫外线，越来越多的大楼窗户都设计得无法打开，玻璃可以阻挡来自太阳的紫外线隐形攻击。出了办公室，人们可以搭乘汽车。20世纪60年代初，空调系统的应用推动了闭窗驾驶。到了20世纪80年代，市场上出现了一款新产品——防晒霜。在早期，确美同（Coppertone，20世纪50年代初推出的产品）这类品牌旗下印着SPF30或者SPF45的乳液是用来帮助人们安全晒黑的。但是到了20世纪末，防晒霜就被当作预防皮肤癌的药物出售了，人们也逐渐懂得在夏天涂抹它来保护自己。连医疗机构也呼吁大家避开阳光，防止患上皮肤癌。

同时，科技与社会的发展也改变了儿童接触户外阳光的程度。直到20世纪70年代，人们还鼓励孩子们放学后到户外（公园、球场、操场）玩耍，孩子们通常到了晚饭时间才会回家。但是，这一切都慢慢地发生了变化。首先，人们担心孩子们会遭遇犯罪，特别是性侵事件。紧接着，20世纪80年代兴起了电玩热潮，孩子们宁可待在房间里打游戏，也不肯出门爬树。21世纪初，手机短信和网上冲浪拴住了孩子们。很快，手机能上网了，孩子们变得越来越宅。人们的生活彻底从室外转移到了室内。西方国家的人变身成了“鼹鼠人”，生活在接触不到多少阳光的屋子里。与此同时，他们血液中维生素D的含量低得可怕。现在，许多相关研究人员和专家认为，血液中维生素D的含量最好不低于30纳克/毫升，有的人甚至建议应该更高一些，达到40 ~ 50纳克/毫升。

在向室内转移的过程中，我们显然忘记了人类几千年前就明白的道理。崇拜太阳神赫利俄斯的古希腊人可能最早记录下了阳光对人体健康的重要性。当然，他们并不知道造福人类的是阳光中的紫外线，尽管如此，许多人在文章中提到过日光浴的好处，例如希罗多德（Herodotus，公元前5世纪）、西塞罗（Cicero，公元前1世纪）、建筑师维特鲁威（Vitruvius，公元前1世纪）、老普林尼（Pliny the Elder，公元23 ~ 79年）、古罗马内科医生盖伦（Galen，公元130 ~ 200年），还有古希腊外科医生安提鲁斯（Antyllus，公元2世纪）。

罗马帝国灭亡后，日光浴的习俗显然被人们摈弃了。但是正如波斯学者兼医生阿维森纳（Avicenna，公元980 ~ 1037年）写道的，在中世纪早期，日光浴重新回到人们的视线中。由于兼具医疗和美容的效果，它至今仍备受欢迎。世界各地的文明都坚信阳光具有治愈力，直到20世纪80年代，对皮肤癌的担忧突然改变了人们的观念。

在阳光下过度暴晒可能会增加皮肤癌的发病风险。然而，阳光也能降低我们患癌的风险。奥马哈市的克瑞顿大学（Creighton University）的已故博士罗伯特·希尼（Robert Heaney）是非营利组织“维生素D理事会”（Vitamin D Council）的成员，他用维生素D医治过数千名患者。他指出，通过32个随机试验发现，维生素D对健康非常有益。在一项针对平均年龄为62岁的女性的大型研究中，与对照组相比，每天补充大量维生素D的人4年后各种癌症的发病率可以降低60%。

相信维生素D可以防止肿瘤生长和扩散的并非只有希尼一人。他告诉我："我愿意得癌症，如果肿瘤永远不会长大的话。"

在关于（可见的和不可见的）阳光如何影响健康的讨论中，从医学的角度来看，人体受到紫外线激发而自动产生充足的维生素D_3是非常有意义的。（有5种化学结构不同的维生素D，紫外线照射人体时产生的维生素D_3是其中之一，将它作为补充剂服用，能大大降低死亡率，对老年人效果尤为明显。）如果这种物质对我们来说可有可无的话，那么身体又怎么会迅速生成它呢？强烈的阳光照射人体10分钟所产生的维生素D的量与喝200杯牛奶的效果一样。由此我们自然能得出结论：人体需要稳定地获得大量的维生素D。然而，如果我们一味地避开阳光，就会缺乏这种重要物质。

麻省理工学院的资深科研人员斯蒂芬妮·塞内夫（Stephanie Seneff）博士几十年来一直致力于营养与健康关系的研究。当人们对皮肤癌心生恐惧时，她给出了一个意想不到的发现。"胆固醇和硫黄都能保护皮肤免遭辐射对细胞DNA的损伤，这种损伤可能导致皮肤癌。"塞内夫博士对我说，"在紫外线的照射下，胆固醇和硫黄会被氧化，所以它们可以作为抗氧化剂来'吸收热量'。胆固醇的氧化也是它自身转化为维生素D_3的第一步。"

根据塞内夫博士的说法，我们的身体具备这样的机制：既能从阳光中提取或者借助阳光生产有益的物质，又能保护自己免受伤害。塞内夫博士说："不管是使用防晒霜还是完全避开阳光，远离这种自然的过程，会让人们在健康上大受损失，给多种疾病留下滋生的机会。"

维生素D理事会的约翰·坎内尔（John Cannell）博士为我总结道："在不被晒伤的情况下，每个人都应该尽可能多地晒太阳。"

除了防止癌症，阳光在预防和治疗佝偻病方面也发挥着关键作用。佝偻病是一种常见于儿童的严重疾病，病因就是缺乏维生素D，使得膳食中的钙质无法被人体充分吸收，最终导致骨骼畸形和神经肌肉症状（如兴奋过度）。

阳光中的紫外线还有助于缓解抑郁症。如今，我们称季节性情感障碍为SAD（Seasonal Affective Disorder），这是一种严重的抑郁症，全世界大约有15%的人受此折磨。这种抑郁症与冬天阳光照射减少有关，会在每年大致相同的时间出现和消退。梅奥医学中心（Mayo Clinic）的网站上写着："大多数SAD患者的症状会从秋天开始，一直持续到冬季，在此期间他们会萎靡不振，情绪低落。"医治SAD的主要手段是光照疗法（光疗），也就是特意安排受治者每天暴露在自然光或者人造光下。最常见的光疗器具是"灯箱"。不过，在进行光疗之前，请先和医生充分沟通。如果你同时患有SAD和双相障碍，那么过快地增加光照有可能会诱发狂躁症状。

在了解了阳光带来的种种好处之后，让我们再来看看它的黑暗面。对于我们的祖先来说，夜幕开启了一段完全属于黑暗的时间，他们只能靠月亮、星星和火光来照明。现如今，许多人整夜缩在计算机屏幕前，或者沐浴在夜光钟和街灯的光辉中。但是一些研究表明，人们不仅需要充足的阳光，拥抱黑暗也是极其重要的。

一个惊人的医学发现告诉我们：乳腺癌发病唯一明确的原因就是缺乏处于黑暗环境中的时间！

乳腺癌基金会（Breast Cancer Fund）提出，对于需要倒班的女性来说，夜间工作，包括通宵上班，对乳腺的影响最大。夜班工作超过4年半到5年的女性，乳腺癌的发病风险会加剧，尤其是定期从事夜班工作至少4年，而且从未怀孕（哺乳系统尚未充分分化）的女性。

该基金会表示，这些结果令人担忧，因为目前美国约有15%的上班族至少有一部分工作时间在晚上。相关报告还提到：解释夜班工作影响的研究机制被称为夜间灯光假设（Light At Night，LAN）。在白天之外，经常增加暴露在光线（尤其是明亮的室内光线）下的时间，会导致褪黑激素分泌减少，乳腺癌的患病风险增加。盲人女性无法感知外界光线，她们每天的褪黑素水平不会降低，从统计结果来看，与视觉正常并且每天褪黑素分泌不断减少的女性相比，她们确诊乳腺癌的风险明显更低，这一事实佐证了夜间灯光假设。盲人女性的情况（褪黑素没有减少）和长期上夜班的结果（褪黑素没有增加）都说明，褪黑素分泌越多，患乳腺癌的风险就越低。

这一切都表明，人体健康不仅需要可见光和阳光中看不见的紫外线，更重要的是，我们的作息应该同昼夜变化保持一致，也就是说，我们应该有规律地享受黑暗的沉静。

需要说明的是，人造室内光的出现违背了自然规律。或许它有助于延长每日的生产时间，但是这也影响了我们夜间的睡眠。换句话说，我们需要黑暗。那么，黑暗中有多少光就足以引起健康问题了呢？对于这个具体的量，目前尚无定论。一盏夜灯发出的光就足以影响我们的健康吗？表盘上显示的LED数字也有问题吗？透过窗帘的街灯怎么样？路过的汽车头灯又怎么样？多少光才算多呢？至少在我撰写本书时，这个问题还没有明确的答案。

除了有益健康，紫外线还能帮助我们看到在普通光线下看不见的东西。人类之所以看不到紫外线，是因为它被晶状体吸收，不能到达视网膜。这是好事。如果它真的到达视网膜，就会损伤负责彩色视觉的锥体细胞。但是，有的动物可以看到紫外线，包括爬行动物、鸟类和许多昆虫（例如蝴蝶和蜜蜂）。这绝非偶然。许多种子、果实和花朵在紫外线下会显得“格外突出”，在纷繁的背景中更容易被找到。众所周知，蝎子在紫外线的照射下会发光。有些鸟类甚至只有在紫外线下才会显现羽毛的图案。此外，包括人类在内，许多动物的精液和尿液在紫外线下会发光。卫生监管部门利用紫外线灯和相关检测设备检查酒店房间，因为如果清洁不够彻底，残留的体液中复杂的化学成分能够吸收紫外线，发出可见光（荧光）。

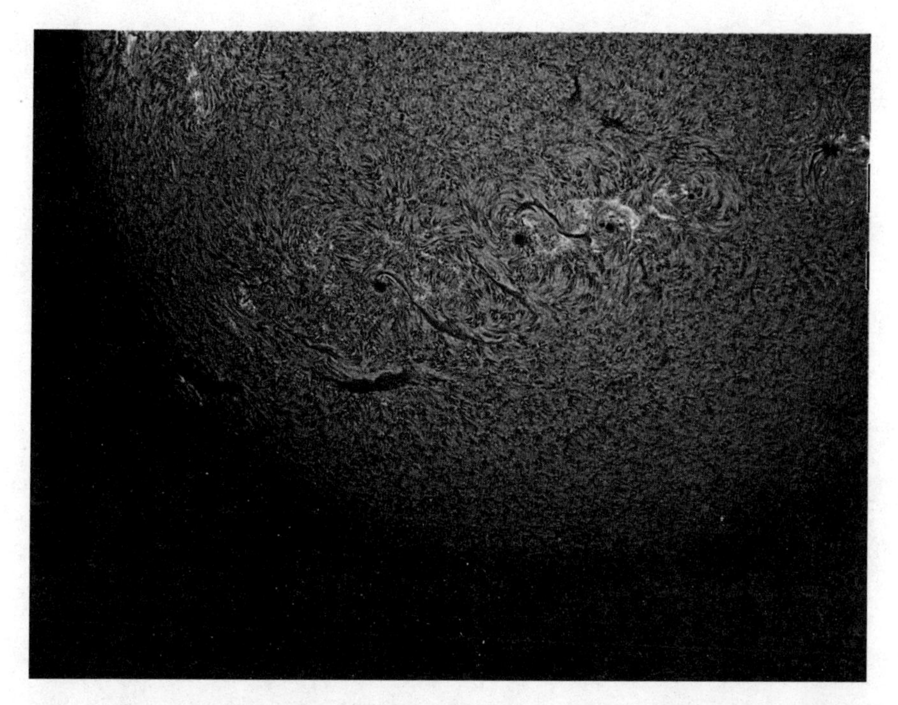

图7-1 阳光中的紫外线能够刺激人体产生维生素D，这是已知的最有效的抗癌途径之一。研究表明，人们不应该经常涂抹防晒霜来阻挡紫外线，而是在不被晒伤的前提下，尽可能多地接触阳光（图源：马特·弗朗西斯，普雷斯科特天文台）

郊区居民通常使用紫外线灯来吸引能“看到”它的害虫，引诱它们掉入“捕杀器”里。这些灯发出的是波长最长的UVA，因为苍蝇最容易被波长为3650埃的紫外线吸引，这正好在UVA的波长范围内，而人眼几乎看不到。

除了杀虫，紫外线还能帮助我们探索宇宙。从紫外线的角度观察宇宙的样貌与我们熟悉的印象截然不同，抛开了可见光和红外线，紫外线呈现的宇宙闪烁着暗淡的光。这是因为大多数恒星的温度比太阳低，而且即便是太阳光，也只含有10%的紫外线。事实上，95%的恒星发出的光以红外线和可见光为主，同我们亲爱的太阳相比，它们的光中红外线更多，可见光更少。

紫外线辐射可以帮助我们锁定宇宙中不寻常的高热，我们可以通过在大气外轨道运行的航天器完成这种探测。超高温恒星看起来是蓝色的，它们要么硕大无朋，要么被观测到时正处于演化的早期或者末尾阶段，因为此时它们的电磁辐射最为强烈。不同寻常的高温不仅增加了光的发射量，还将其中的主要成分变成了波长更短、频率更高的光，使得蓝光和紫外线的含量更加丰富。

大多数恒星不会被这些紫外线探测仪器锁定，但这种仪器能让我们看到星系合并时的火爆场面。此外，它们还能探测出具有极端温度的巨型蓝色恒星，即使在可见光下，这些恒星通常也如宇宙灯塔一般。简而言之，人们借助紫外线望远镜观察的不是像太阳这种普通的、中等质量的恒星，而是宇宙中大事爆发的特殊地方。通过紫外线的“眼睛”，我们总能看到外太空呈现出末日般的场景。

这种观察宇宙的新方法可以追溯到1801年，也就是里特尔发现紫外线的那年。1815年，科学家们发现，除了氯化银，里特尔的“化学射线”还能让许多种类的金属盐变黑。1826 ~ 1837年，成功拍摄了第一张照片（1827）的尼埃普斯（Joseph Nicéphore Nièpce）和当时最著名的摄影发明家路易斯·达盖尔（Louis Daguerre）发现，碘化银对光尤为敏感，这一发现成为他们早期工作的基础，甚至引起了国际社会的关注。1842年，有人发现，在阳光的照射下，含有碘化银的明胶乳剂（之后被称为达盖尔银版）会发生光化学反应。于是，实用摄影技术诞生了。

在19世纪余下的时间里，物理学家不断通过理论研究和实验阐明紫外线的本质和特性，尽管直到19世纪70年代它仍被称为化学射线。人工照明的发展——例如碳弧灯（一种非常耀眼的聚光型固定灯，利用碳棒电极之间产生的电弧发光）的出现——为世界提供了能够发出大量紫外线的光源。1859年，古斯塔夫·基尔霍夫（Gustav Kirchhoff）和罗伯特·本生（Robert Bunsen）发明了分光镜，它能按照不同的波长将光分解，以显示其组成，这在当时是突破性的进展。这样一来，科学家们只需要通过光的颜色模式就可以识别发光的物质。

例如，在看到远处着火的建筑物时，我们可以利用分光镜发现管道中含有铅。突然之间，物理、天文和化学领域发生了翻天覆地的变化。仅仅通过观察分光镜发出的光，研究人员就能够确定任何物质，甚至一颗恒星的组成。

多年以后科学家们了解到，太阳的（可见的和不可见的）光不过是一种元素聚变成另一种元素过程中的副产物。几个世纪以来，炼金术士未曾实现的梦想，大自然竟然当着我们的面实现了。正是这一过程创造了支撑一切生命的光和热，这一点毋庸置疑。然而它背后的真相却出乎所有人的意料。

让我们暂且跳出不可见光故事的时间线，了解一下太阳系的中心天体。

第8章　激情燃烧的太阳

在纽约的伍德斯托克，我认识的一些上了年纪的前嬉皮士仍然会说："一切都是能量！"他们说得没错。虽然过去的物理学家总是对各种形式的能量如数家珍，什么摩擦能、化学能、机械能、电能、动能、势能等，但是在科学看来——"全都是一回事！"

首先，宇宙诞生之初就具有了所有的能量，而且从未减少过。这似乎有悖常理。比如，我们知道，汽车的燃料确实会用光，我们可以亲眼看到其中一部分从排气管排出，一部分变成轮胎与路面摩擦生成的热量。能量只是看起来减少了，但它其实转化成了另一种形式。

让我们来看看都有哪些各不相同、各有特点的能量吧！举个例子，当你猛踩刹车的时候，用到的是机械能，而汽油燃烧消耗了化学能。接着，路面的沥青和刹车片之间产生摩擦，使得轮胎转动变慢，汽车减速。也就是说，可能仅仅因为你前方的冒失鬼在黄灯亮起的瞬间突然刹车，这么多能量就都派上了用场。

但是请仔细想一想：机械能与运动有关，摩擦也一样。摩擦力将机械能转化为热能，而热能又是什么呢？那不过是原子的运动。所以，能量最终变成了原子和分子的运动。总结一下，实际过程是这样的：宏观的能量表现（轮胎减速）被转化成了微观的形式（无数原子运动加速）。总体看来，能量没有损失。

它只是改变了形式，并且只涉及各种运动。一切能量归根结底都是运动的结果。

还有别的例子吗？有。拿热能向其他形式能量的转换来说，超高温的物体都能将自身的热量转化成可见的电磁波，也就是说它们能发光。我们还可以利用热电偶将热能转化为电能，或者利用蒸汽轮机将热能转化为机械能。

我们也可以反其道而行之，将机械能转化为其他形式的能量。例如，我们可以通过齿轮或者杠杆将一种机械能转化为另一种机械能，也可以利用同步加速器或者粒子加速器将它转化为核能，还可以通过踩刹车将它转化为热能，通过发电机将它变成电能，通过划火柴将它变成化学能。

很显然，一切能量都能改变自身存在的形式。但是，能量永远都不会被破坏或者消耗殆尽。如今，科学家将能量分为两种类型：① 动能，即与运动有关的能量，包括原子振动产生的热量；② 势能，一种像银行存款一样的能量。例如，停在山上的汽车就具有势能，一旦松开刹车，它便会凭借重力向下滑行。

太阳就是一个非常好的能量转换者。确切地讲，它将核能转化为了电磁能。换句话说，它遵循爱因斯坦的著名方程$E = mc^2$，将质量转化成了能量。亚瑟·爱丁顿（Arthur Eddington）在1920年揭开这一事实之前，太阳如何发出光和热完全是一个谜。计算显示，跟太阳同等质量（相当于333 000个地球）的巨型煤球在2000年内就会彻底燃烧殆尽。但是，很显然太阳从很久以前就已经存在了，所以它的“燃烧”方式肯定不同寻常。

没错。太阳内部温度如此之高，说明其中的氢原子运动得相当剧烈，它们会相互碰撞。4个氢原子结合在一起就会产生1个氦原子。这才是问题的关键。

1个氦原子比4个氢原子加在一起要轻，这说明物质的质量有所减少。损失掉的那部分质量以能量的形式被释放出去了。根据爱因斯坦的质能方程，一块橡皮大小的质量转换为能量足以让美国所有电灯长明13天。在太阳内部，每秒钟有400万吨氢参与这种转化过程，那可比一块橡皮大多了，由此而来的能量也相当惊人。

这不是一个停留在纸面上的数字。如果能用一架巨大的天平为太阳称重，我们会发现它的质量每秒钟真的会减少400万吨。也许有人会担心——“天哪！慢点烧！”但太阳的总质量约为2×10^{30}千克，也就是2的后面加上27个零——那么多吨，所以这样的消耗在短时间内并不明显，几十亿年后才会出现严重的后果。

中心的聚变反应堆只占太阳体积的1/200，从中发射出来的是氢聚变成氦时的副产物，即γ射线和X射线。但是当这些能量试图离开的时候，总是会不断地被吸收回去，然后再重新释放出来。100万年之后，最初的那些超高能光子就成了现在的可见光、红外线，以及少量紫外线的混合物。这最终形成的光以每秒299 792 458米的速度离开太阳的可见气体表面（光球层），并在8分钟后将能量输送到地球。

所以，我们的生活与太阳的质能转换息息相关。地球最终接收到的阳光是不可见光和可见光的混合物。其中，蓝光被地球大气散射，形成了蔚蓝的天空。于是，太阳在我们眼中看起来就成了黄色的——它的蓝色被天空给“夺走了”。

太阳中心那个看不见的聚变反应堆，不只是一切生命的起源。不论是在我们身体内外，还是在地球乃至太空的各个角落，能量转换都是宇宙不变的法则。

第9章　徒劳无功

幸好我们看不见无线电波。它们真的铺天盖地，无处不在，不光会被我们上方的电离层反射回来，还能绕过山丘和建筑物。它们能直接穿过人体，就好像我们是透明的鬼魂一样。

它们比可见光的波长更长，但是能量更弱。尽管无线电波是最弱的一种光，但是它对世界的影响一点也不小。从被发现那天起，它就立即融入了科技，即便是在21世纪的今天，它的重要性依旧不减当年。这种不可见光人畜无害，安全可靠，极大地改变了我们的日常生活。需要注意的是，不要把无线电波和声音混为一谈。声音不过是机械性的压缩（通常针对空气）引起鼓膜振动；而无线电波是一种光，波长比任何可见光的都长得多。

伟大的海因里希·赫兹（Heinrich Hertz）是公认的无线电波及其工作原理的发现者。但是，如果没有之前两位先驱奠定的基础，也就不会有后来的赫兹。

在无线电波的故事中，首先出场的是迈克尔·法拉第（Michael Faraday）。1791年，他出生于英格兰的萨里。他只接受过最低限度的正规教育。年轻的时候，没有任何迹象表明他以后会成为历史上最具影响力的科学家之一。一个世纪以后，爱因斯坦在书房墙上留了3个人物的肖像画作为灵感的来源：艾萨克·牛顿、迈克尔·法拉第和詹姆斯·克拉克·麦克斯韦——巧了，最后这位正好是这个故事的另一位主人公。

法拉第做过7年图书装订学徒。在那段时间里，他偶然读到了艾萨克·华兹（Isaac Watts）的《心灵的提升》（*The Improvement of the Mind*），这改变了他的一生。现在，很少有人还记得这本早期的自我帮助图书。书中列出了16条提高知识水平的一般规则，还包括对图书和阅读的大致介绍，学习和冥想的指导方法，增强记忆力的技巧，以及其他自我提升的建议。读到这本书的时候，法拉第碰巧对科学产生了浓厚的兴趣，尤其是对当时十分神秘的电学，于是他用书中的原则和方法学起了科学。

20岁那年，法拉第结束了装订书本的学徒生涯，迎来了生命中重要的转折点。和现如今大学毕业便茫然无措的年轻人一样，他并不确定今后想做什么，于是便参加了附近举办的科学讲座。英国皇家学会著名化学家汉弗里·戴维（Humphry Davy）的演讲深深吸引住了他。法拉第对戴维的讲座非常着迷，他甚至将讲座中的笔记集结成300页的小册子送给了自己的偶像。不论是谁，收到这样的礼物都会受宠若惊，戴维立即报以充满感激、言辞亲切的回复。第二年，戴维在一次实验中使用三氯化氮，由于这种化合物极不稳定，最终酿成了事故，损伤了他的视力。于是，戴维邀请法拉第来做自己的助手，后者立刻欣然接受了。

这一系列的偶然事件改变了科学的进程。不久，伦敦皇家研究所（London's Royal Institution，一家致力于科学研究的组织，类似皇家学会）的一名助手被解雇了，寻找替代者的任务落到了戴维头上。当时，法拉第的才华和积极进取的性格令他印象深刻。于是在1813年3月，他让法拉第担任该组织的化学助理。同年春天晚些时候，心有余悸的戴维让法拉第去准备三氯化氮样品。这是最需要谨慎对待的步骤。事实证明，实验室的事故真的是防不胜防。果然，在另一起同样由三氯化氮引发的爆炸中，他们二人都受了伤。

即便如此，他们的关系还是发展得很好。1813年年底，戴维计划了为期一年半的欧洲职业旅行，并邀请法拉第作为助手陪同前往。不巧的是，戴维的随从在出发前正好辞职，于是法拉第就被要求同时充当这个卑微的角色。虽然人们都希望戴维能尊重他的同事，然而这段时间法拉第过得并不容易。19世纪早期的英国社会极其看重阶级，戴维的妻子简·阿佩雷斯（Jane Apreece）从未平等地对待过法拉第。她让他和仆人们一起吃饭。不管雨下得多大，简都坚持让他在外面骑马，哪怕马车里有足够的空间。法拉第变得灰心丧气，差一点就准备放弃旅行返回英国，重拾装订工人的老本行。最终他还是坚持了下来，也因此被引荐给了许多头脑敏锐、极具开创性想法的欧洲顶尖科学家。

回到英国后，法拉第开始研究指南针在带电线圈附近发生偏转的现象。他发现，只要移动磁铁穿过线圈就能产生电流，在静止的磁铁周围移动导线圈也能产生电流。他的实验表明，变化的磁场能够产生电场。30多年后，麦克斯韦用数学方法证明了这一关系，并称之为法拉第电磁感应定律。法拉第所有发现中最令人惊讶的或许就是对电磁场概念的揭示。带电线圈周围存在一个穿透空间的隐形场，这个观点太过新颖和奇特，最初并没有被其他科学家接受。尽管如此，法拉第提出的具有电荷和磁荷的物体会产生场的观点，以及电和磁不可分割的结论，都被证明是准确无误的。他指出，磁场可以对光产生影响（尽管他从未测量过具体的路径变化），而光也是一种电磁现象。

法拉第甚至利用电线和磁铁的相互作用制造了一台简陋的发动机。这不仅是第一台发动机，还是现代技术和日常生活中一切电动机的基础。除了汽油发动机，每辆汽车还装有十几台电动设备，包括电启动器、电动门窗、按钮座位调节、挡风玻璃雨刷器和垫圈，这些设备的诞生都要归功于法拉第。后来，人们发现稀土元素（如钕、镝、钆）能在小空间里提供高水平的扭矩，从而造就更加强有力的磁体，因此自20世纪90年代以来，小型电动设备的使用日益增多。例如，iPhone就用到了8种稀土元素。

年逾古稀时，法拉第受人尊敬，享誉世界，但仍然非常谦逊。他曾两次拒绝接受皇家学会主席的委任，还放弃了被女王册封为法拉第勋爵的机会。他认为，追求财富和名利违背了《圣经》的精神，他宁愿“自始至终做一个普普通通的法拉第先生”。也是出于道德信仰，他曾拒绝协助英国政府制造化学武器用于克里米亚战争。

1867年，法拉第离开人世。就在1865年，苏格兰一位物理学家用数学方法表示出了法拉第的观察结果，并证明他是正确的。

才华横溢的麦克斯韦家境殷实，接受过良好的教育，从小就对大自然抱有强烈的好奇心。他的传记作者巴兹尔·马洪（Basil Mahon）说过，年仅3岁的时候，麦克斯韦就“对一切移动的、闪烁的或者发出声响的物体产生了疑问：‘那是怎么回事？’”1834年，麦克斯韦的父亲在写给嫂子简·凯（Jane Cay）的一封信中，描述了这个男孩天生的好奇心：“他对门、锁、钥匙这类事物了如指掌，动不动就把‘跟我说说这是怎么回事’挂在嘴边。他还研究了溪流隐藏的流动过程和电铃线的用途，以及水从池塘里穿墙流出的方式。”

麦克斯韦的好奇心从未消退。他毕生致力于攻克“土星环的本质是什么”这类看似棘手的问题。（他从数学的角度解释了为什么土星环既不是单一的固体也不是液体和气体，而是无数个分离的小岩石，或者应该叫小卫星。）他提出了再现单个原色底片的方案，为彩色摄影技术奠定了基础。1861年，长论文《论物理的力线》（*On Physical Lines of Force*）发表了他最重要的贡献——麦克斯韦通过4个微分方程（后被称为麦克斯韦方程组），从数学的角度解释了电磁学，表明振荡的电场和磁场以波的形式在空间内以光速传播。麦克斯韦方程组也证明了无线电波的存在。磁场、电场和光的统一令海因里希·赫兹深受启发，21年后他发现了无线电波。如果不是腹部癌症导致麦克斯韦48岁就英年早逝，这个人还会有什么成就，我们简直不敢想象。

1857年，海因里希·赫兹出生于汉堡一个富裕的家庭，他痴迷于法拉第的实验和麦克斯韦方程组，并打算系统地证明这些电磁波的存在。赫兹和麦克斯韦一样英年早逝，由于手术失败后的感染，他36岁就不幸去世了。虽然他的一生非常短暂，但是他做出的科学贡献却影响着在那之后几乎每个人的生活。

1886年，赫兹在一项突破性的实验中用到了有史以来第一个“火花间隙发射器”，它通过电线传输电流，但是电路中留有一处间隙，这样在电流经过这段间隙的时候人们就可以观察到一些东西。这些东西既不是红外线，也不是紫外线，更不是可见光。它们具有能量，能在空气中打出肉眼可见的电火花。

图9-1 伴随这样的高压火花发射出来的是看不见的无线电波（图源：凯文 · 史密斯，www.lessmiths.com）

赫兹计算出这种神秘电波的波长大约为4米，差不多相当于一台微型轿车的长度。他还测量了它的电场强度、极性，以及从固体表面（特别是金属表面）反射的情况。在他看来，这是一种完全符合麦克斯韦方程组的电磁波。

还记得我们在第1章提到过的电磁波的两个基本特征吗？波长是指从一个波峰到下一个波峰之间的距离，频率是每秒钟波出现的次数。麦克斯韦已经证明，波长与频率密切相关，互成反比。也就是说，如果一个波的波长非常长，比如，它的波长等于光在1秒钟内传播的距离，即299 792 458米，那么1秒钟就只有一个波经过。但是，如果将这个波长缩短为之前的千分之一，波峰之间的距离变为299 792.458米，那么它的频率就变成了之前的1000倍，也就是说，每秒钟有1000个波经过。总而言之，波长（米）与频率的乘积总是等于299 792 458，也就是光在1秒钟内传播的距离（米）。最重要的是，波长越短，相同时间内经过波的个数越多。而且，波长越短，频率就越高，波所具有的能量就越大。

认真回顾一下上面这段话，充分理解它，这样你就掌握了（可见的和不可见的）光最重要的性质。

不久之后，为了纪念海因里希·赫兹，人们便将“赫兹”用作频率的单位。如果某种波每秒钟出现700次，那么它的频率就是700赫兹。如果它每秒钟出现70万次，那么我们可以在赫兹前面加上“千”，即它的频率是700千赫，或者700kHz。

你可以找一台面板上印有数字的老式调幅收音机，仔细观察后，你能发现上面列出的电台频率都是以“千赫”为单位的。假设你最喜欢的调幅电台要拨到码盘上的710处，那就表明在听广播的时候，每秒钟有71万个波经过你。

调频波段的波，波长短得多，因此频率非常高。调频的频率是以“兆赫”（1兆赫=1 000 000赫兹）为单位的。如果你最喜欢的调频电台号是90.1，那么在你听这个台的广播时，每秒钟大约会有9000万个波经过。

1000千赫等于1兆赫。1000千赫的波，波长约为299.8米，大约是4个街区的长度。这个波长恰好是光在1秒钟内走过距离的百万分之一，所以每秒钟有100万个这样的波经过。简单地说，波长300米的电磁波频率大约为1兆赫。这就是1兆赫无线电波的情况，希望你能好好记下来。

如果将波长缩短至原来的百分之一，也就是3米，那么它的频率就会变为原来的100倍，即100兆赫，则每秒有1亿个这样的波经过。

100兆赫的频率在调频广播领域司空见惯。你可以想象一下每秒钟1亿个波长为3米的波从身边闪过的景象。祝你好运。

在《关于有限速度电运动在空间传播的研究》（*Researches on the Propagation of Electric Action with Finite Velocity Through Space*）一文中，赫兹宣布自己发现了一种新的电磁波——无线电波。但是他不清楚这种波对人类有什么实际的用处，似乎证明它的存在之后他就心满意足了，因此没有再继续深入研究。他的学生很快就听闻这一发现给老师带来了极高的关注度。当他们问及这个发现的意义时，他回答道："没什么用处……就是个实验而已，证明了麦克斯韦大师是对的，证明了无线电波的存在。它们就在那里，只是我们的肉眼看不到。"

有一次，一位著名的物理学家问赫兹无线电波有什么技术价值。他很简洁地答道：

"我觉得没什么价值。"

但是，总有人能慧眼识珠。从麦克斯韦根据法拉第的发现给出电磁波的数学表达，到赫兹证明无线电波确实存在，这期间是漫长的20年。然而，对于积极进取的发明家来说，将无线电波加以利用不过是眨眼之间的事情。

第10章　用武之地

电磁波既能在空气中传播，又可以聚焦和反射。这些特性令发明家们摩拳擦掌，跃跃欲试。有人设想在不需要线缆和电线杆的情况下发送由点（短脉冲）和划（长脉冲）组成的电报信号。这种陆地与海上船只之间的无线通信可以说是意义非凡的，它利用的媒介就是无线电波。它最初被称为赫兹电波和以太波，20年后才有了无线电波这个名字。

早期，实验人员就意识到，不同频率的无线电波具有不同的传播特性。短波可以被电离层（距离地表80千米以上的大气区域）反射到地球上很远的地方，但是它们不能在狭窄的位置（例如，山脉、建筑物和障碍物的周围）拐弯或者发生衍射。因此，它们主要被用于视距传播，比如飞机与附近控制塔的通信。相比之下，长波可以绕过山脉和建筑物，更容易随地球的曲率发生弯曲。科学家们发现，无线电波波段隐藏着多种可能，不同波长的无线电波可以用来实现不同的用途。

继1888年赫兹发现无线电波后，短短几年之内，企业家们就看出了它的技术潜力。1892年，物理学家威廉·克鲁克斯（William Crookes）提出了基于“赫兹之波”开发“无线电报”的可能性。然而，包括塞尔维亚裔美国人尼古拉·特斯拉（Nikola Tesla）在内的另一些发明家并不同意这一观点，他们认为这种波对通信来讲毫无用处。特斯拉盲目地认为，无线电波就像可见光一样，传播范围不会超过观察者的视线。也就是说，他认为，如果目标不在视野范围内，无线电波就到不了那里。特斯拉最初确实用无线电波做过实验，但是没有坚持下去，因为他太过专注于尝试用无线电波输送电能，他认为这才是更有前途、更有意义的技术。然而时间证明他错了。

开发无线电报业务的发明家们很快就实现了几千米范围内的通信。事实上，在1882年，赫兹正式公布无线电波的发现之前，美国塔夫茨大学的教授阿摩司·多比尔（Amos Dolbear）就造出了一台通信范围为800米的无线电收发机。遗憾的是，多比尔申请专利的动作太慢，错失了机会，没能成为公认的无线电收发报机发明人。这一荣誉最终给了意大利人伽利尔摩·马可尼（Guglielmo Marconi）。1897年，赫兹的论文发表仅仅9年后，他在英国成立了“无线电报和信号公司”（Wireless Telegraph and Signal Company），不久后更名为“马可尼公司”（Marconi Company）。

到了1899年，无线电报已经能够跨越英吉利海峡了，那时，几乎每个月都会出现个头更大、信号更强、传播距离更远的天线。最初的无线电接收器只有简单的金属电极，之后便开始使用检波器，并采取更加主动的接收方式。早期的检波器是具有两个电极的管子，电极之间用金属屑隔开一小段距离。当无线电波到达检波器时，金属粒子附着在一起，这样就降低了设备的高阻抗，允许电流通过。因此，在接收到无线电信号的时候，电流能激活莫尔斯电码记录器，将信号记录下来。在那个年代，检波器是非常高端的产品。真空管的发明使得探测无线电波变得更加容易，而且大大拓宽了它的使用范围。在第一次世界大战爆发之前，人们就已经具备了这些技术。

到了1911年，许多船只都配备了无线电报通信设备，通信范围可达上千千米。当时，多亏了马可尼的设备，卡帕西亚号（*Carpathia*）才能接收到80千米以外的泰坦尼克号发出的求救信号，船上的700名幸存者因此得救。

与产生莫尔斯电码的离散无线电信号不同，传输声音或者音乐（音频）需要发送和接收连续的无线电波。调制或者改变这种连续信号，就可以不断地传递包含人声和音乐的各种信息。

第一个利用无线电波传递声音的人是巴西牧师罗伯托·兰德尔·德穆拉（Roberto Landell de Moura）。1900年6月3日，他在巴西圣保罗的记者面前首次进行了公开实验，在8千米以外的地方播放了自己的声音。后来，他把这套设备带到了华盛顿，申请并获得了3项美国专利。

很快，美国就注意到了这项突破性的技术。在装上西屋公司（Westinghouse）工程师发明的真空管探测器之后，无线电波接收器变得更加敏锐了。1906年的平安夜，第一个广播节目成功地从马萨诸塞州的布兰特岩城（Ocean Bluff-Brant Rock）传播进了海上的船只。利用他制造的全新的同步旋转式火花发射器，美国发明家雷金纳德·费森登（Reginald Fessenden）发出了他用小提琴演奏的《圣善夜》，还有他朗诵的一段《圣经》。

这次史无前例的尝试用到的技术推动了调幅广播的发展。要知道，连续的无线电波虽很好，但音频信息（无论是人声还是音乐）要有抑扬顿挫，所以信号必须有所变化。早期，人们可以简单地开关无线电波，这对于发送莫尔斯电码的点和划来说是很方便的。然而，连续变化的波形更加复杂，也更加脆弱，很难长距离传输。有没有什么办法，能解决这个问题呢?

每个波都有一个振动的范围，从本质上来说，这就是波的强度或者响度。声波可以通过传声器（俗称麦克风）转换成电信号。接着，取一种适合远距离传输的波，即载波，让载波根据声波转化的电信号改变幅度，我们就能得到一个携带了信息，而且适合远距离传输的波。匹配的发射器和接收器可以对无线电波进行编码和检测，快速振动的磁驱动扬声器则能将电信号恢复成声波。这就是振幅调制的过程，简称调幅，也就是AM（Amplitude Modulation）。

另一种办法是让载波根据声波转化的电信号改变频率，这样一来，波长也会变化。这是频率调制的过程，简称调频，也就是FM（Frequency Modulation）。这种方法减少了静电和电气设备的干扰，使传输的内容更加清晰。早期的收音机只能播放调幅广播，直到1937年，首个调频广播节目才诞生。而在1933年，发明家埃德温·H.阿姆斯特朗（Edwin H. Armstrong）就获得了该项技术的专利。

1912年6月，马可尼开办了世界上第一家无线电工厂。1920年8月31日，密歇根州底特律的8MK电台播出了第一期新闻节目。今天，这家电台仍然存在，隶属于哥伦比亚广播公司。同年，美国开播了第一个公共娱乐广播节目，在每周四晚间放送协奏曲。

如果赫兹、麦克斯韦、法拉第，以及其他早期的无线电先驱能够亲眼看到今天的世界，他们一定会对那些在前人看来如同魔法一般的事物感到敬畏。想想看吧，几乎每辆汽车和每部手机都配备了全球定位系统（Global Positioning System，GPS）。那么你对它的工作原理又了解多少呢？24颗人造卫星通过较短的无线电波（如今，它们被归入了微波的范围）发出时间信号，GPS接收器只需要接收其中的4个就可以断定你在地球上的确切位置。它本身就准确地知晓时间（精确到十亿分之一秒），能立即发现卫星信号的时间差。这是因为，无线电波从约18 000千米高的轨道到达你所在的位置需要一些时间——大约十七分之一秒。

光的传播造成了时间上的延迟。当接收器获得多个卫星信号不同的延迟时间后，它就可以计算出这些卫星与你之间的距离分别有多远。接着，它便根据这些距离计算出你的所在位置，最终结果能精确到几米之内。通过三角定位，GPS就能知道你在哪里，朝着什么方向运动，速度有多快。如果配备机载地图，它还能给出你去其他地方所需的时间。

这个过程靠的就是无线电波。

如果光速快到波的传播都不需要时间的话，这种定位系统就无法发挥作用了。同样，如果光速太低，慢得跟声速差不多，那GPS也无法起作用。由此看来，一些重要技术都离不开这一神奇的速度，那么我们也应该对它再多一些了解。

第11章　撼动时空的速度

我们已经知道，作为量子的光子有一个非常奇特的性质——如果没有观察者，光就不存在。然而，无论是可见光还是不可见光，光还有一个更加不可思议的特点。光带来的许多神奇效应都与其速度有关，这或许是科学领域中最著名的速度。要知道，高速运动和强大的万有引力会促使很多奇妙的现象出现，这些因素既会影响光，也会影响其他事物。例如，在超高速运动的情况下，时间会减慢（如果你从事的是一份很无聊的工作，那这可不是什么好事），距离会缩短。这个现象被称为“时间膨胀”，科幻作品经常提及。例如，2014年轰动一时的电影《星际穿越》（*Interstellar*）中就有这样的情节，在外星球表面的宇航员只经历了几个小时的旅程，而他们仍在地球轨道上的同事却老了几十岁。不过，人们对物体之间距离缩短的现象似乎没什么热情。

19世纪末，洛伦兹率先提出了一个著名的关系式，以此点明时间和空间没有可以界定的边界。几年后，爱因斯坦在解释这个问题时采用了同样的数学方法，于是反映时间空间具体变化的关系仍然被称为洛伦兹变换。从这组关系式可以推算出一些惊人的结果。例如，如果你以99%的光速运动，那么宇宙会突然变成现在的1/7；原本距离你14光年的星星（例如，夏季大三角中的牛郎星）会瞬间离你只有2光年远，你在有生之年还有希望到达那里；以这样的速度运动，客厅会缩小到不足1米宽。

如果你的速度再快一点，就会出现更神奇的效果。假设你乘坐的火箭以99.999 999 9%的光速行驶，膨胀系数为22 361，那么当火箭上的时间走过1年之后，地球已经经历了223个世纪。不仅如此，任何距离都会按照同样的比例缩小。1年之内你就能到达银河系的中心——到达同一个地方，乘坐当今最快的火箭至少需要4亿年。有如此广阔的天地任你驰骋，你的社交圈也会大大地拓展开来。你可以将下次聚会的地点选在银河系中心的黑洞附近。

然而可惜的是，到了那时就没人陪你玩了。地球上的时间依旧按照原来的速率流逝。等你再回来的时候，聚会就真的结束了。你只经历了两年，老了两岁，地球却度过了近5万年的岁月。全世界的地形地貌会彻底改变，人类的风俗语言可能已经变得让你无法理解，甚至某些物种都已演化。你会成为真正意义上的"赶不上时代的人"，比起时尚的流行变迁，眼前的一切更加超乎你的想象，没被当成怪物关进动物园就算是幸运的了。

说到接近光速时空间和时间发生的变化，为了让一切简单而直观，你要记住，对你来说时间总是正常地流逝，永远不会改变。如果你有幸活到85岁高龄，那么不管运动的速度如何，你经历的都是实实在在的85年。只不过用天文望远镜观察你的那些人变老的程度会有所不同，在他们眼中你老得很慢，即使你自己并没有这样的感觉。关键在于，时间流逝得不太正常的总是"别人"，绝对不会是你自己。

但是你确实会感受到空间缩小了。以接近光的速度运动时，你与前方目的地的距离的确缩短了，所以你能更快地到达那里。此外，在接近光速的情况下，无论你的火箭指引向哪里，宇宙中的一切物质看起来都位于正前方。

这里要解释一下：这是行差原理。在雨中快步行走时，我们需要将伞向前倾斜一些才能避免淋湿；在暴风雪中驾车行驶的过程中，雪片给人的感觉好像是从正前方直接打过来的，后车窗似乎完全接触不到雪。这些都是行差的例子，它是指物体的位置出现了偏差。光也会发生类似的现象。地球以每秒29.78千米的速度绕太阳运动，我们身在地球，公转改变了夜空中星星的位置，让它们稍稍偏离了本该出现的地方。如果公转速度加快，那么这种效果还会加剧。如果这个速度一直增加，那么在逼近光速度时，宇宙中的一切物质看起来都位于我们的正前方。此时，从火箭的前挡风玻璃望出去，我们看到的是一颗耀眼的“星星”，实际上那是宇宙中所有物质聚集起来形成的一个明亮的球；从后窗望去，我们看到的是一片漆黑，此时空间已经严重变形，以至于在这个方向上什么都没有。

简而言之，由于我们自身的公转运动，星星的位置才会被改变！

光就像一位充满幻想、技艺精湛的魔术师。它在真空中的传播速度为每秒299 792 458米，我们通常提到的光速就是这个数字。介质的密度越高，光传播的速度就越慢。在玻璃中，光速约为每秒200 000 000米；在水中，光速约为每秒255 000 000米。所以，阳光透过窗格射入人眼的过程是这样的：在经过玻璃的时候，光会突然变慢，穿过玻璃之后，又会立刻加速。光在钻石中的速度是最慢的，不同颜色的可见光在钻石中的穿行速度各不相同。正是这种速度的差异造就了钻石璀璨晶莹、光彩夺目的外观。

尽管尝试过很多次，可是直到几个世纪前才有人计算出了光速。它实在是太快了，难以测量。意志坚定的“自然哲学家们”（当时人们都这样称呼科学家）可不是没有努力研究、勇往直前过。1629年，荷兰科学家艾萨克·比克曼（Isaac Beeckman）想了个办法，在距离火药远近不同的地方分别放置几面大镜子。他点燃火药，让助手们同时观察火药发出的强光和镜子反射的光。因为光经过镜面反射到达人眼需要走过更长的距离，所以火药的光和反射的光之间存在时间差。那么他们捕捉到两次闪光之间的延迟了吗？当然没有。

3年后，伽利略也向这项任务发起了挑战。这位蓄着古怪胡子的天才站在一个山顶上，他让助手拿着一盏灯，站在约1.6千米以外的另一个山顶上。伽利略打开手中的灯，当助手看到他的灯光时，立即打开自己的灯。然后，伽利略记录下他看到助手做出“回应”所需要的时间。通过测量时间和两灯之间的距离，便可以确定光速。

事实上，光在两个山顶之间往返的时间大约为二十万分之一秒。伽利略啊，你自求多福吧。他总结道：“即便不是瞬时的，（光的）速度也是极其快的。”最后他断定，光的传播速度至少比声音快了10倍。（其实是近100万倍，因为声音在1秒钟内传播的距离大约只有340米。）

丹麦天文学家奥勒·罗默（Ole Rømer）最终得到了第一台还算过得去的光速测量仪器——这回总算是不用上山跋涉了。1675年，31岁的他解释了为什么每当地球朝着木星运动，木星的4颗巨型卫星都仿佛在其轨道上莫名地加速的现象。他认为这是合理的，因为在此时，木星和地球之间的距离比之前更近，木星卫星的光到达我们眼睛所花的时间变短，所以我们觉得它们在木星周围运动得更快了，那画风就像快放的卓别林电影。可惜罗默不知道地球和木星之间的精确距离，尽管如此，他计算出的光速误差仍在25%以内。

我们现在用来测定光速的仪器最早是由法国科学家莱昂·傅科（Léon Foucault）在19世纪中叶发明的。它的工作原理是先将光束打在一面快速旋转的镜子上，让它反射到远处固定的镜子，然后再反射回来。在光传播的过程中，旋转的镜面会略微改变它的角度，使得最终反射回来的光产生些许位置的变化。已知镜子的转速（傅科的镜子转速为每秒500转）以及各个镜子之间的距离，再加上从光学检测设备的分度尺上读取的光路偏移量，就可以确定光速，结果可以精确到百万分之一。我也亲自测量过，现在的科研人员基本上都做过这个实验。

光速确实超级快，但是我们已经知道了它的具体数值，它并非大得没边儿。要是此时此刻，古希腊人也能与我们分享这个小小的奇迹就好了——我们测出了宇宙中的极限速度！

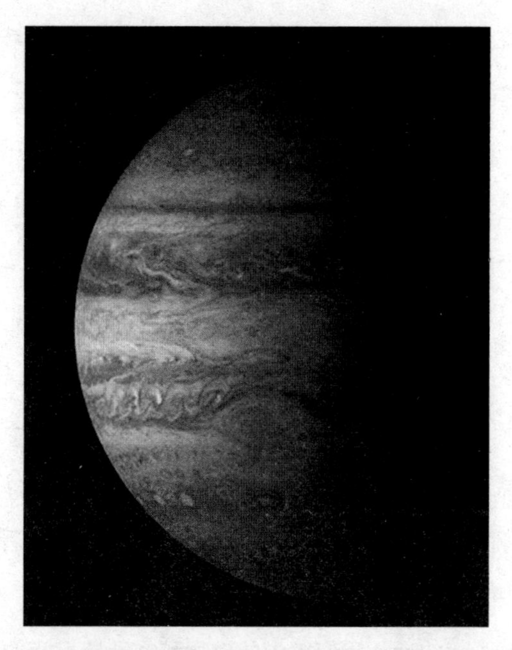

图11-1 在太阳系诸行星中，木星周围的辐射水平最高。奇怪的是，一年中有一半的时间，它的4颗卫星在其轨道上的运行速度看起来比另外半年要快。1675年，丹麦天文学家奥勒·罗默利用这一特殊现象，在一定的精度范围内确定了光速（图源：美国国家航空航天局/喷气推进实验室）

我们将光速引入现代技术和科学实验，从中得到了不少新的发现。例如，一些大学的研究项目向阿波罗宇航员在月球留下的三面反射镜发射激光，人们发现，反射回来的光总有2.5秒左右的延迟。精确的测量结果还能让我们计算出月球与地球之间距离的变化，而且误差不超过2.5厘米。实验结果表明，月球正在以每年3.8厘米的速度不断远离我们。

想象自己骑在一个光子上吧。借着光速，我们在1秒钟里就可以绕地球转上8圈。只要1个小时，我们就能到达木星。但是要想前往最近的恒星（比邻星），我们还需要骑着光子跑上4.3年。唉——要是想去最近的螺旋星系，我们必须乘着光速前进250万年。

时间缩短了又会怎么样呢？如果我们以光速行走千分之一秒会怎样？那我

们就从纽约来到了华盛顿。以光速行走百万分之一秒，我们就可以穿过3个足球场。以光速行走十亿分之一秒，我们就前行了30厘米。

这些数据很有意思，它们说明在观察距离你一两米开外的物体时，你看到的其实是它们十亿分之几秒之前的样子。例如，当你观察坐在房间另一头（6米之外）的一个朋友时，看到的并不是她此时此刻的样子，而是她在亿分之二秒之前的状态。

因为图像或者信息传递的速度不能超越光速，所以我们永远也无法获知宇宙中各个地方的最新情报。事实上，我们一般也不会做出这方面的尝试。相反，我们把“信息到达人眼的瞬间”定义为“现在”。我们会说：“看看木星和土星在夜空中擦身而过的画面吧！”而不会特地补充一句：“看看我们刚刚接收到的它们1小时前擦身而过的画面。”

如果看得更远的话，我们眼中的事物和实际情况间的差距会更大。当我们能看到138亿光年之外的地方时，我们就差不多看到了宇宙诞生之初的画面。那里是可观察到的现实的边界，在这个边界之外，我们什么都看不见，什么也没法知道。

这个极限速度是无法突破的。我们观察涡状星系中的恒星时，只能看到它们3500万年前的样子，没有办法了解它们当前的状态。如果此刻涡状星系中有外星人在用超级望远镜观察我们，那么它们是看不到人类社会的，因为直到3300万年前，地球上才出现人类。用不可见光来进行探测也无济于事。无线电和电视信号，还有探测人体温度的红外线都会面临同样的限制，因为它们也是以光速传播的。正因如此，当下没有任何技术或者手段能让我们提前接收外星文明发来的激光或者无线电信号。

光速最有趣的一面可能在于，对于光子来说，时间是完全冻结的。如果你能拥有它的速度，就会立刻感觉自己在宇宙中无所不在。

这是因为光的传播与我们的运动方式完全不同。我们觉得自己运动时同时经历了时间和空间的变化。而我们坐着不动，相对于周围物体不发生空间位移的时候，我们仍然要经历一天的24个小时，即使我们也不希望时间过去。运动时，我们的空间位置会变化，时间也在流逝。我们运动得越快，穿过的空间就越大，消耗的时间则会减少。事实上，仔细想想，这是件令人惊讶的事，因为从旁观者的角度看，我们的时间变慢了。以接近光的速度运动，我们就能在极其辽阔的空间里漫游，却几乎不需要花什么时间。你穿过的空间越多，经历的时间就越少。你无法做到既穿过大片的空间又耗费大量的时间。爱因斯坦的理论要指出的正是这个，尽管那之后的一个世纪，大多数人仍然没能领会到它的深远意义。

光就是这种现象最极端的表现。光子只会在空间产生位移，根本不会耗费时间。因此，它们不花时间就能穿越整个宇宙，也就是说，从它们的角度来看，根本不存在距离上的分隔。如果用相机对准窗外的天空，那么在闪光灯亮起的瞬间，光就已经沿着它的方向到达了宇宙的另一端。

这确实非常奇怪又难以想象。然而，不论谁来观测，光总是以恒定的速度运动。事实上，它比我们曾经认为精准无比的东西（例如时钟）更加可靠。

难怪《圣经》开篇就写了“要有光”，东方也有宗教将终极现实称为“净光”（clear light）。经师们可能隐约察觉到，光所属的领域，要比我们日常生活所处的时空更加稳定[1]。

总有一天，我们会弄清楚如何利用光速扭曲时间，去探索更加广阔的宇宙。

这趟穿越广阔空间的高速旅行唯一的麻烦在于，等你回来的时候，地球早已经历了漫长的岁月。你的子孙后代可能早已经进化，不再是你所认识的人类。

---

[1] 在理解红移和蓝移的概念时，学生们总会感到困惑：光速不是一个常数吗？不论你是与光相向而行还是背道而驰，每一个光子都以相同的速度朝你飞来，但是你相对于光的运动却会让光的波挤压或者分散。除了少数星系，其他星系都在远离银河系，所以它们当中的恒星发出的光的波长会被拉长，出现红移现象，也就是说，这些光超出了可见光的范围，变成了看不见的红外线。正如威廉·赫歇尔在19世纪早期预见的，我们只能用红外线探测望远镜来观察这些星星。实际上，越来越多的天文学家在研究星系时都会选择红外望远镜。

不会再有人被你的笑话逗乐，你离开的记录早在几千年前就已经遗失，你也无法用自己的语言和他们正常交流。

这既是好事也是坏事。在不违反任何科学定律的前提下，你不仅到达了遥不可及的地方，还活着见证了地球的千秋万代。不过，或许你会做出更明智的选择：永远不再回来。

第12章　无处不在的微波

将一袋玉米粒放进微波炉，摁下一两个按钮。当“完成”的提示音响起时，你就知道加热已经停止，同时还能闻到爆米花的香气。然而，或许疑问也曾像微波炉的提示音一样，在你的脑海中闪现：微波安全吗？到底是什么让玉米粒变成了爆米花？说起那些无时无刻不在身体中穿梭的不可见光，人们马上就会想到微波。甚至有人用“叮”来表示微波炉的作用：你的奶酪通心粉凉了？放微波炉里“叮”几分钟吧！

微波在过去经常与无线电波划为一类，直到1931年，才有了“微波”（microwave）一词。在第二次世界大战爆发前的几年，微波技术的主要应用就已诞生，为之后的普及奠定了基础。直到那时，这种波长最短的无线电波才拥有了自己的姓名。

既然我们习惯将微波作为一个单独的类别，那么就有必要好好了解它一下。我们说，无线电波的波长最长能达到10万千米，而最短只有1米。微波波长范围就以这个最短的数字为起点，即两个波峰之间最长为1米，频率最小为每秒3亿次波动，微波波长最短为1毫米。如果波长再短一点，就进入红外线的范畴了。

早在赫兹发现无线电波的那10年，研究人员就意识到，尽管光波在障碍物周围会发生衍射，但是波长最短的无线电波很容易聚焦在某个目标上。因此，它非常适合用于点对点通信。和较长的无线电波不同，这种波长最短的波遇到障碍物时不会绕行，也不会被电离层反射回来，因此很少用于一般的无线电传输，但它非常适合在视距范围内发挥作用，例如承载飞机向控制塔发送的信号。同时，它们也能借金属物体迅速反射。

德国工程师克里斯蒂安·侯斯美尔（Christian Hülsmeyer）很快就利用了这一特性。1903年，为了让船只在大雾中避免碰撞，他制造了第一台船舶检测设备并申请了专利。在能见度为零的条件下，这台设备能够真切地“看见”8千米以外的船只。侯斯美尔甚至可以通过旋转设备上抛物面形状的盘状天线来明确船只的方位（方向）。但是，它不能确定船的位置（距离）。尽管获得了财政支持，并为荷美邮轮公司（Holland America Line）树立了首个典范，侯斯美尔的设备却莫名其妙地遇冷了，几年后他的公司也不得不解散。

很快就有人抢占了这一成果。第一次世界大战期间，一些发明家开发了改进后的类似系统，使用三角测量法在近程范围内获取目标的方位和距离。在随后的几十年里，特别是在第二次世界大战前夕，由于在这方面的研究越发深入，英国部署的无线电短波不仅能成功地探测到船只，还能及时发现来袭的飞机。这项微波技术应用被称为雷达（Radar），全称是“无线电探测和测距”（radio detection and ranging）。

无线电短波发射系统的建立，以及示波器对信号发出和返回之间时间差的监测，都是确定船只、飞机方向和距离的关键，这也是拯救英国的雷达系统的基础。

1941年12月7日，雷达原本可以让2400多人幸免于难，事情却耽误在了人的误判上。美国最早的雷达被安装在了瓦胡岛（Oahu）最北端的卡胡库角（Kahuku Point）。当试图偷袭珍珠港的日本飞机来到西侧212千米的地方时，雷达就嗅出了不对劲。那是一个闲散的周日早晨，雷达操作员将可疑情况报告给了他的上级。但是，由于这套系统刚刚运行了两周，而且空中聚集数百架飞机的情形太过不同寻常，令人难以置信，所以这位长官对示波器上显示的图像不屑一顾，认为那碰巧只是一群鸟而已。虽然这套雷达系统和预计的一样运行正常，但是此番严重的警告却没被当回事。

第二次世界大战之后，微波技术进一步优化，多普勒雷达应运而生，它能帮助操作人员确定目标物体逼近或者离开雷达的速度。我们可以用加速行驶的救护车来解释这一原理。当救护车离你越来越近时，鸣笛声的音调就会变高，而且每一声鸣笛的间隔会缩短。救护车从你面前开过之后，鸣笛声听起来好像突然被拉长，而且间隔也变得更久，音调会变得更低。1842年，奥地利物理学家克里斯蒂安·多普勒（Christian Doppler）首次解释了这种效应，同样的现象光波也有。这很好理解：尽管光总是以恒定的速度运动，但是它和观察者之间相对位置的改变（靠近或远离）会让波长（对观察者而言）发生变化。不过这种变化不会体现在侧面（与运动方向垂直的方向），因此，如果棒球从右向左横穿设备两侧，那么雷达枪便无法测出它的速度。至于可见光，朝向我们运动的发光物体会呈现蓝色的光，因为在我们看来，它的波受到了挤压，波长变短。蓝光比红光的波长更短，这种现象被称为蓝移。

除了6个离我们最近的星系之外，宇宙中的其他星系都在匆匆远离银河系。因此，在我们看来，它们显得比以往更红，这就是光源远离观察者时产生的红移现象。事实上，当遥远的星系以接近光速的速度远离我们时，它们在我们眼中的变化不只是变红这么简单。它们发出的光已经超出可见光的范围，进入了红外线的范畴。这个原理当然也适用于不可见光。当物体靠近雷达天线时，反射回来的无线电波的波长会随着物体运动速度的增加而变短。相反，远离天线的物体反射回来的波会有更长的波长。波长越长，频率越低。通过测量频移（频率的变化），我们就能确定物体朝向或者远离天线的速度。

如今，执法部门可以使用多普勒雷达实现交通情况监测，教练利用它测量运动员跑步或者投球的速度，气象学家则用它研究雷雨天气中雨滴的运动细节。

合成孔径雷达是另一种应用广泛的现代雷达。它涉及移动雷达设备的使用。

我们知道，雷达的盘形天线越大，分辨能力就越强，因此，巨型天线阵列的替代方案之一就是将盘形天线装在移动的物体（比如飞机）上，然后从多个“发送”和“接收”位置不断地发送脉冲，并接收回波信号。这样一来，它的性能与天线更大的雷达就相差无几了。这种雷达能够描绘出陆地编队和军事目标的图像细节，哪怕目标只有几厘米大小。

这些技术上的突破还得益于磁控管的发明。磁控管建立在简单阴极射线管的基础之上，是一种产生微波的器件，自20世纪20年代问世以来，人们就对它不断地进行改进。在平板电视出现之前，它一直是20世纪老式电视机显像管的重要组成部分。其原理为在电子管中放入磁性很强的永磁体，并设置好间隔巧妙的空腔，阴极发射出的电子就会被迫改变方向，并在这一过程中产生微波。如果你还记得电子的运动是光（γ射线除外）的来源的话，就不会觉得这难以置信了。

微波还有一项应用大大影响了我们的生活，但与此相关的微波特性直到第二次世界大战接近尾声时才在偶然中浮现。在这里，故事的主人公是一位名叫珀西·斯宾塞（Percy Spencer）的电子天才。

1894年，斯宾塞出生于波士顿郊外。他的童年十分坎坷。在他18个月大的时候，父亲就离开了人世。不久，母亲便将他交给一个叔叔抚养。叔叔在珀西7岁时也去世了，于是他成了孤儿。随后，斯宾塞离开文法学校，打算挣钱养活自己和婶婶。在12 ~ 16岁期间，他在一家线轴厂不分昼夜地干活。当时，他发现当地一家造纸厂马上就要用上电了。在他所在的农村，电是一个鲜为人知的概念，于是他便尽可能多地学习了电的知识。尽管从未接受过任何电气工程方面的正式培训，甚至连文法学校的学业也没有完成，但是由于他自学得非常透彻，在申请工作时，斯宾塞受雇成为发电厂电力设备的安装人员。18岁那年，斯宾塞决定加入美国海军。在了解了泰坦尼克号上无线操作员的工作内容之后，他便对无线通信产生了兴趣。在海军服役期间，他不断读书学习，就连夜间站岗的时间也没有放过，最终成了无线电技术方面的专家。

25年后，凭借在新兴国防公司“雷神”（Raytheon）微波技术方面的工作经历，斯宾塞意外地步入了世界先进雷达管设计专家的行列。作为功率管部门的负责人，斯宾塞一直在不断寻找改进雷达设计和生产的新方法。他在技术方面的创新使得公司雷达设备的产量从每天12台上升为2600台，员工也由最初的15人增加到了5000人。到第二次世界大战结束时，他荣获了两千多项专利，并被授予美国国防部颁发给平民的最高荣誉“卓越公众服务奖”（Distinguished Public Service Award）。

战争结束后不久，斯宾塞查看一间实验室时，在工作中的磁控管前停下了脚步。突然，他感觉口袋里有什么东西变得又软又黏，原来是巧克力花生酱糖融化了。以前也有人注意到这种现象，但是斯宾塞决定展开全面的调查。第二天，他带了些玉米粒来做实验，果然，磁控管将它们全变成了爆米花。

事实证明，微波虽然能被金属表面反射，却很容易被水吸收。因此，任何带有水分的食物（几乎所有食物）都能被这种看不见的光加热。

斯宾塞和雷神公司生产的第一台微波炉重达1/3吨，和冰箱差不多大。它还非常昂贵，售价数千美元，当时一辆新车的价格也不过是它的1/10。只有商用厨房和游轮才会配备这样的微波炉。尽管如此，雷神公司还是希望在为它选用阿曼娜·拉达朗奇（Amana Radarange）这个朗朗上口的名字之后，微波炉的销售额能节节高。

随着磁控管体积缩小，成本下降，微波炉也变得越来越亲民。家用微波炉出现在1965年，然而直到20世纪80年代，微波炉价格的暴跌才使得它被大众接受。1968年，一台微波炉的售价是495美元，而到了1986年，只要191美元（这是根据通货膨胀调整后的价格）就可以买到外形美观并且功能丰富的微波炉。如今，全世界微波炉的使用量超过了10亿台。

有些人想知道用微波炉加热食物是否安全。答案当然是肯定的。原因有两个。第一,一些地区（包括日本）的家庭已经普遍使用微波炉长达半个世纪。如果它会对健康造成任何不良影响，我们肯定早就发现了。然而事实上，日本是全世界人均寿命最长的国家。

第二，食物（或者其他东西）被加热，仅仅说明它的分子运动速度加快了。在油炸、烧烤、烘焙等烹饪过程中，明火或者电热元件发出的红外线也能让原子加速。微波做的不过就是同样的事情，只有两个重要的区别。

微波确实能穿透食物的内部，但它仍会从外向内加热物体；而煎锅首先加热的是食物的外层，然后再逐渐向内加热。微波加热过的食物内部有时会冷热不均，这就表明它无法由外向内产生均匀的对流。此外，微波炉产生的驻波（持续模式）和反复的微波涡流也是不均匀的。即使在微波炉内部增设“搅拌器”使微波均匀流动，也仍然无法彻底解决这个问题。旋转托盘在一定程度上起到了帮助作用，但是食物的某些部分总会比其他部分接收到更多的微波，从而导致加热不均。而且，食物所含水分较多的部分热得更快。这些都是烹饪上的缺陷，不会带来健康方面的风险。不过这倒是解释了为什么大厨很少推荐用微波炉烹饪美食。

至于微波炉的使用方面，就算你站在微波炉前不耐烦地等待“叮”声，你嘴里的口香糖也不会被加热。重要的是，独立的实验结果一致表明，微波不会从微波炉中逸出。所以，你大可放心地站在那里，盯着冷冻玉米煎饼一圈圈催眠般地旋转。

无论如何，当我们想要加热放了一周的冷冻比萨，或者做点爆米花的时候，还有什么工具比微波炉更方便呢？在下一个电影之夜到来时，请用你沾着黄油的手向斯宾塞致敬吧——哪怕只花几秒钟。他最终获得了麻省理工学院荣誉博士的学位，对于一个未念完6年级的人来说，这样的成就相当了不起了。

我们已经知道，用微波炉烹饪的食物可以放心食用，但是，看到热狗（和其他肉类食品）在微波炉里滋滋作响的时候，我们心里还是难免会犯嘀咕：既然微波能把香肠烤成那样，那对我们又会造成什么伤害呢？你可以打开手机问问Siri，不过手机发出的辐射也在微波的范围内。每天有超过10亿人使用手机，可能它现在就在你身旁。它会释放出什么物质，又会对你产生什么影响呢？

斯宾塞永远不需要担心这些问题了。在经历了两段婚姻，生下3个孩子之后，他于1970年离开了人世，享年76岁。

第13章　神秘之光

在所有不可见光中，X射线的大名被提起的次数可能是最多的。我们虽然知道红外线，但通常会称之为热量。紫外线也很少被提起，被当作需要避开有害物质时除外，例如你在沙滩上涂抹防晒霜的时候。但是说到威廉·康拉德·伦琴（Wilhelm Conrad Röntgen）的发现，我们通常会直呼其名："医生让我去拍X光了。"或许这和X本身的神秘特质有关，这个字母总是深深吸引着科幻爱好者和科技迷。

1845年3月27日，威廉·康拉德·伦琴出生于德国的莱纳普（Lennep）。他父母的工作是布匹生产和销售，家里虽不贫穷，也谈不上十分富裕。在他3岁那年，他们全家搬到荷兰，他进入当地的寄宿学校读书。关于他童年的文字记录中提到，威廉热爱大自然，喜欢在森林里漫步旅行，这是他一直热衷的消遣方式。同时，他还非常手巧，或许这就是他17岁进入荷兰乌得勒支（Utrecht）一所技术学校的原因。这期间发生了一件特别的事情（尽管这与他日后的成就没有什么关系）：他因为画了一位老师的漫画而被学校开除了。事实上，尽管被发现的时候画的确在他手上，但他一直保持沉默，拒绝出卖真正的捣蛋鬼——他的邻桌。遭到开除令他付出了惨痛代价。1865年，在申请去乌得勒支大学学习物理时，他没有被录取。但是他并未就此放弃。伦琴了解到，如果能通过严格的入学考试，他就可以进入苏黎世的理工学院。于是他参加了考试，并且轻松过关。

就这样，伦琴进入学校学习机械工程方面的知识，并于1869年获得了苏黎世大学的博士学位。5年后，他被任命为斯特拉斯堡大学的讲师，第二年，他在霍恩海姆（Hohenheim）的农业院校得到了一个教授的职位。他不断地攀登学术的阶梯：1879年，他接受了吉森大学提供的物理系主任一职；1888年，又接受了乌兹堡大学的同等职位。这是一次重要的工作变动，因为他的几位同事都曾出现在我们的故事中，包括无线电波先驱赫兹和预测了电子的存在的洛伦兹。

伦琴和妻子安娜·贝莎·路德维希（Anna Bertha Ludwig）是在一家咖啡馆里邂逅的。当时，32岁的安娜头发乌黑，身材高挑，比伦琴年长6岁，是老板的女儿。他们在认识后的第二年（1872年）结了婚。他们没有自己的孩子，两人在1887年收养了安娜哥哥6岁的女儿。

伦琴工作非常努力。以1870年为起点，他就在当时流行的研究领域发表了几篇论文，内容涉及晶体的热导率和石英的电学性质。但是，我们真正关心的是以他的名字命名的神奇射线，也正是它让伦琴在好奇心的驱使下着手展开实验。没有助手帮忙，他独自一人钻研这个19世纪晚期的未解之谜：为什么当高压电流通过近乎真空的管子时，会产生某种看不见的奇特能量？在神秘的“阴极射线”被证实是电之前，他一直在探索和思考。

1895年11月8日晚上，他发现了一件怪事。他给玻璃真空管外包上了厚厚的黑色硬纸板，用来遮挡光线，然后在1米以外的地方放置了一个涂有钡化合物的纸盘。在关掉房间里所有的灯后，纸盘发出了荧光。他对此很感兴趣，于是尝试进一步实验，分别用不同厚度的东西包裹真空管，想看看这种看不见的射线能否穿透出去，使远处的钡发光。

几个星期以来，伦琴几乎没怎么睡觉，不断地对这个新射线进行着实验，它似乎来自真空管，能够对几米外的物体造成影响。12月22日，他决定做一些新的尝试。在接通高压电流后，他站在距离真空管几米处举着一张感光片，然后将妻子的手放在它前面，一动不动保持了几秒钟。冲洗出来的照片显示了她手部的骨骼和手指上的戒指，周围隐隐约约透出灰光，看起来如幽灵般可怖。

当他兴奋地把照片拿给妻子看时，安娜吓得尖叫了起来。这种反应再正常不过了，毕竟从没有人见过活人的骨头。“我看到了死亡的征兆！”她惊恐地喊道。虽然他安慰她说这没什么可怕的，但是妻子的反应也令他感到了不安。于是在实验室里，他会穿上铅衣来保护自己，并利用其他检查工具来防止这种看不见的射线穿透身体。他也成为首个采取防护措施的X射线研究者。尽管28年后他死于肠癌，但是人们普遍认为这不过是一种巧合，因为他接触到的X射线辐射量并不足以引发这种疾病。

安娜手骨的照片证实，这里一定存在某种未知的不可见光，是这种光拍出了这样的效果。之前发现的不可见光并不具备这样的性质：它们无法穿透皮肤和纸这样的固体，而是会被密度更高的物质所阻挡。这种新射线显然具有很强的穿透性，不像其他光那么容易被反射。由于它神秘莫测，伦琴便用数学中表示未知数的字母X来为它命名——尽管大多数人还是习惯“伦琴射线”这个称呼，并且使用了很久。1895年12月28日，伦琴发表了文章《论一种新的射线》(*Über eine neue Art von Strahlen*)，由此公布了他的发现。新闻界马上将原文弄到了手，这个消息很快就传开了。1896年2月14日，美国《科学》(*Science*)杂志也转载了这篇文章。

许多年过去了，X射线的称号依旧名副其实，因为它的本质仍然没有定论。直到20世纪初，马克斯·冯·劳厄(Max von Laue)才证明，X射线在遇到晶体时会发生衍射或者相互干扰，这说明它和其他形式的光一样，本质是一种电磁波。劳厄也因此获得了1914年的诺贝尔奖。除此之外人们还知道，X射线的频率相当惊人，大约每秒有100万兆个波经过，波长最多只有1米的亿之分一。赫兹发现的无线电波波长可达几千米，而X射线的波长居然还不及一个原子的大小，这也难怪在接下来的半个世纪里，一直没人能揭开它的真面目。

超高频率的X射线所具有的能量使它与我们熟知的可见光完全分属两个世界。它的确开启了许多看似天方夜谭的科学技术研究的大门。在深入了解之前，让我们先把发现者的故事好好讲完。

如果说7年前人们给予赫兹的赞誉声震耳欲聋的话，那么对比一夜成名的伦琴，顶多算是耳语。人们立即认可了伦琴射线在医疗诊断中应用的可能性。伦琴因此获得了众多殊荣。很多城市的街道以他的名字来命名。在世界范围的学术团体中，他被授予了大量荣誉称号。

尽管如此，伦琴依旧保持着谦逊和低调。他明知X射线可以为他带来丰厚的报酬，却拒绝为它申请专利。他情愿让全世界免费使用这一发现。1901年，他获得了有史以来第一个诺贝尔物理学奖，并将奖金捐献给了自己的大学。

1914年，哥伦比亚大学和其他几所学校为伦琴提供了教职以及系主任的位子，于是他买好了船票，准备举家移民美国。然而，第一次世界大战的突然爆发令他的计划搁浅了。遗憾的是，这一耽误就是一辈子。战争结束后，通货膨胀一发不可收拾地波及了魏玛共和国，伦琴近乎破产，还好他守住了巴伐利亚阿尔卑斯山脚下魏尔海姆（Weilheim）一幢简陋的避暑小屋。直到生命的最后，他也没有失去对大自然的喜爱。在肠癌极度恶化之后，他才取消了穿越阿尔卑斯山的例行徒步旅行。在至爱的妻子安娜去世4年后，他也随她而去，享年77岁。

第14章　世界的伦琴射线

1895年12月28日，伦琴的论文刚刚发表就轰动了整个世界，其影响甚至持续到了下一年。到1896年年底，科学家们创造出了32种不同型号的X射线管。在那一年，超过1000篇关于X射线的科学论文发表。在对X射线的疯狂追捧中，没有人怀疑这一科学奇迹存在不为人知的阴暗面。

起初，科学界的一些杰出人士对这一发现不屑一顾。成功主导了第一条跨大西洋海底电缆铺设并赢得国际赞誉的开尔文勋爵认为，X射线就是一场骗局，他简单粗暴地否定了它的存在。论文发表几周以来，不少科学家的回应极为谨慎。1896年1月下旬，《科学》杂志以怀疑的口吻写道："有人称，伦琴博士发现的来自阴极射线管的紫外线可以穿透木头等有机物质，但是无法穿透金属和骨骼。"

到了1896年2月，来自四面八方的质疑全都销声匿迹了。在春天到来前，《科学美国人》(*Scientific American*)甚至还预言，伦琴将"因为这个发现而名垂青史，1896年将会是伦琴照片年"。

美国最著名的发明家托马斯·爱迪生不失时机地利用了这项新技术。他很早就开始制造自己的X光机了。爱迪生在信中告诉朋友，他想"抢占先机，快别人一步"完善X射线的技术。在伦琴的论文发表后仅仅12周，爱迪生就造出了荧光屏，可以实时显示清晰的X射线图像。此外，他还宣布不会为这项发明申请专利，他打算向伦琴学习，将它贡献出来免费为人类造福。

爱迪生一贯喜欢在大众面前展示发明（例如留声机），这次他还做出了便携式荧光屏，它既不用作研究也不用作医学诊断，而是专供大家娱乐。1896年5月4日，他在纽约博览会的大厅里揭开了它的神秘面纱，并邀请观众在发光的蓝色屏幕前欣赏他们自己的骨头。人们争相涌向这台机器。暗房每次可以允许几百人进入，游客可以轮流将手放在屏幕后面。为了烘托气氛，爱迪生还增设了音色低沉的雾号声。每当操作人员启动机器，号角就会响起，屏幕上就会映出参与者如同幽灵一般的骨头。震耳欲聋的爆炸声增强了戏剧感。人们都看得入了迷。

当年夏天，报纸上充斥着关于X射线治愈力的猜测和说法。还真有一群狂热但是缺乏鉴别能力的人相信了这些文章。各种“看不见的射线”都曾因所谓的恢复功能而受到人们的追捧。曾经，电也被当作一种补药，有人说电几乎可以治疗所有疾病。19世纪中叶，常见的看病流程就包括电疗和相关的咨询。医院的人（有的是真正的医生，但大部分都是江湖骗子）先将病人的皮肤打湿，把电极连接到需要治疗的部位，再将电线另一端接到电池上，施加不同的“滋补”电压。这种方法被用于治疗月经不调、失眠、焦虑等不计其数的疾病及症状。根据不同病因，电极会被放在直肠、阴道、颅骨基部的上方和子宫等位置，差不多涵盖了人体所有的部位。甚至还有一种“电浴”疗法，让病人坐在温暖的带电盐水中体验全身的刺痛感。既然电疗在当时如此盛行，那么人们认为X射线有益健康这事儿也不难理解了。

转眼间，X射线风靡全球。每天都有新文章介绍它的功效，其中不乏自相矛盾的说法：有的人说X射线可以杀死细菌，有的却说它能帮助身体恢复活力；有人认为它可以去除多余毛发，又有人觉得它能刺激头发生长；甚至还有人声称它能让盲人恢复视力。

不过，最后这个说法存在一个奇怪的事实根据：许多人表示自己在直视X

射线的时候能够看到它。如今，很少有人会把这种说法当真。当然，不管用什么样的X射线对准人的眼睛都是不道德的。尽管如此，目前人们普遍接受的结论是，人眼确实可以感知X射线，至少有时能够察觉出蓝灰色的光。至于为何能看到它，原因仍不明确。这里有3种最为合理的解释：① 对X射线的感知源于视网膜中视紫红质分子受到的刺激；② X射线直接刺激了视网膜神经细胞；③ 观察者受到了某些间接的视觉刺激，例如，X射线在眼球内诱发产生了磷光现象。

在伦琴的照片和论文发表仅14天后，第一张X光片就诞生了。弗里德里希·奥托·沃克霍夫（Friedrich Otto Walkhoff）给自己的牙齿拍摄了有史以来第一张X光片。他将一块玻璃感光片夹在舌头和牙齿之间，然后让阴极射线管对准下巴，自己一动不动地在地板上躺了25分钟。

实际上，当时还没有X光片这种说法。人们管这种拍出骨骼的照片叫阴影照片、阴极射线照片、电之影，而它最常见的称呼是伦琴照片。无论怎样称呼，它在人们眼中似乎都过分全能了。1896年3月，医生中流传着这样的故事，说有人用X射线在12岁孩子的大脑里找到了一枚子弹，还拍摄了骨折的髋关节。于是，人们疯狂地制造"阴极射线管"，它们就像如今最新款的iPhone一样，很快就被抢购一空。"伦琴射线图"（早期X光片的另一个名字）的使用频率猛增。截至1896年年底，芝加哥一位名叫沃尔弗拉姆·C.富克斯（Wolfram C. Fuchs）的电气工程师竟然操作过1400余次X射线检查。医生习惯性地将病人介绍给"伦琴专家"，这些"专家"通常使用自制的简陋机器，让病人连续1个小时照射X射线。

不过，除了人们标榜的好处，X射线也产生了一些负面影响。那时，很少有医生会想到用铅衣保护自己并且遮挡患者不需要照射的部位，于是这种疗法的弊端很快就暴露了。另外，没有聚焦的X射线经常穿透墙壁，辐射其他房间的人。操作人员频繁地将手放在光束下测试设备，许多人甚至每天都这么做。

人体在X射线下毫无节制地暴露成了常态。在全世界还在为这一新发现欢呼雀跃的时候，一些医学界的专业人士在第一年就注意到了令人不安的传闻。这些传闻大多提到了皮肤起水疱的症状，现在的我们知道，这是辐射过量的明显标志，说明人体至少吸收了1500拉德（rad）[相当于15戈瑞（Gy）]的剂量。这个剂量相当大，远远超出大多数广岛幸存者在1945年所承受的量。内布拉斯加州麦库克（McCook）的D.W.盖奇（D. W. Gage）博士还曾在纽约的《病例》（*Medical Record*）周刊中提到X射线导致的脱发、皮肤发红、脱皮和病变。盖奇告诫人们："我的建议是，在日常工作中接触X射线之前，医生应该先好好了解它可能造成的后果。"

那年夏天，范德比尔特大学的一位医生在用X射线为意外中枪的孩子寻找子弹之前，决定先拿自己进行实验。他把X射线管放在距离头部1厘米左右的位置照射了1个小时。起初，他似乎没什么不适。然而3周后，暴露在X射线下的部位的头发全部脱落，留下一块直径5厘米的斑秃。

《电气评论》（*Electrical Review*）1896年8月12日刊登了这样一篇报道：H.D.霍克斯（H. D. Hawks）博士在一台新的强力X射线机上进行了操作，4天后，他发现自己的皮肤变干了，但并没有当回事。接着他的右手肿了起来，看上去就像严重的皮肤烧伤。两周后，他手上的皮肤脱落，关节异常疼痛，指甲也停止了生长，暴露在X射线下的部位的毛发全部脱落，他双眼充血，视力严重受损，胸部也烧伤了。医生将他的症状当作皮炎进行了治疗。为了保护双手，霍克斯先抹上凡士林，再戴上手套，最后再用锡纸把手包起来。6个星期后，霍克斯的情况有所好转，他轻描淡写地谈起自己受伤的事情。在文章末尾，《电气评论》呼吁有类似经历的读者发声。

1896年9月传来的一则消息听起来更加可怕。10年前，一个名叫威廉·莱维（William Levy）的人被银行劫匪开枪射中了头部，子弹朝着后脑的方向射进了左耳上方的头骨。听说X射线之后，他决定把子弹取出来。莱维联系了明尼苏达大学物理实验室的弗雷德里克·S. 琼斯（Frederick S. Jones）教授。琼斯教授天生谨慎，他告诫莱维不要去照X射线，但是莱维心意已决。1896年7月8日，莱维从早上8点一直坐到晚上10点，让X射线管分别照射了前额、张着的嘴和右耳的后侧。24小时后，他整个脑袋都起了水疱，几天后，嘴唇部位的肿胀变得极为严重，还开裂流血。他的右耳肿了一倍，右半边的头发也完全脱落。琼斯教授表示，唯一令莱维满意的是，X射线拍到了子弹的清晰位置：在枕骨凸起部位，头骨下方大约两三厘米处。

更可怕的事发生在爱迪生门洛帕克实验室的玻璃工匠克拉伦斯·麦迪逊·达利（Clarence Madison Dally）身上。他总是亲自验证自己制造的每一根阴极射线管。他把手直接放在光束下，将功率调至最大，测试电子管的输出量。1896年，达利的手在几个月内严重烧伤，但他又坚持工作了两年。1902年，他不得不将右臂从肩膀处截肢，防止皮肤癌扩散。1904年10月，达利去世，享年39岁，他可能是X射线的第一位牺牲者。达利的死吓坏了爱迪生，他立即停止了X射线的研究。事实上自那时起，爱迪生就变得格外恐惧X射线。有一次，牙医打算通过X光片帮他寻找持续牙痛的病因，但爱迪生宁可让医生立即拔牙，也不愿接触X射线。

到1896年年底，尽管有这样那样骇人听闻的说法，医生们仍然一致认为X射线检查是安全的，那些所谓的不良反应都是设备操作不当所致。没人能想到，X射线最致命的危害在多年之后才浮出水面。1896年，弗里德里希·奥托·沃克霍夫和弗里茨·吉塞尔（Fritz Giesel）成立了世界上第一个牙科X射线实验室，并在之后的几年里持续为医生提供下颌和头部的X光片。30多年后的1927年，弗里茨·吉塞尔因癌症转移而不幸离世，后人猜测这很可能是他经常让手暴露在高强度的辐射下所导致的。

早期这些可怕的事实并没有引起人们的重视。为了消除同行的恐惧，许多医学报告都试图安抚人心。例如在1897年，波士顿一位姓威廉姆斯（Williams）

的医生表示，他检查过大约250名照射过X射线的患者，没有发现任何有害影响。1902年，在费城一家大型医学杂志上，E.A.科德曼（E. A. Codman）医生认真地回顾了所有提及X射线造成损伤的文章。在公开报道的88例受伤事件中，55例出现在1896年，12例出现在1897年，6例出现在1898年，9例出现在1899年，3例出现在1900年，而1901年只有1例。由此他总结道，放射诊断正在不断地得到完善，风险也在急剧降低。然而事实上，这种所谓的下降趋势不过是因为时间长了，X射线所造成的伤害已经屡见不鲜，没什么新闻价值，所以大多数负面新闻没有被报道出来。

经过将近30年的时间，人们才发觉这种危险不容忽视。在这期间，有太多人沦为滥用X射线的受害者。最终敲响警钟的，是1930年波士顿放射科医生珀西·布朗（Percy Brown）撰写的《从伦琴射线看美国为科学献身的殉道者》（*American Martyrs to Science Through the Roentgen Rays*）一书。20年后，作者本人患癌去世，诱因很可能也是过度接触X射线。

从那时起，媒体对X射线的态度变得褒贬不一，放射医学对待操作更加谨慎。如今，在进行X射线检查时，放射科医生很少出现在拍片室。而CT检查的普及也令医学专业人士忧心忡忡。这种检查的辐射量比普通的X射线更大，他们担心过度使用可能会引发癌症。

但是，1896年那会儿，人们根本没有料到，世间还存在一种更为致命的隐形力量。它被证明是终极之光——最强大、最神秘的不可见光。它的辐射具有迄今为止最大强度的杀伤力，半个世纪后，它在一周内造成了10万余人的死亡。

但是，在讲述它的故事之前，我们必须确切地知道辐射的定义和量化方法，现在，人们普遍对这类重要信息有误解。

第15章　什么是辐射

你知道吗？一次全身CT扫描的辐射量通常高于距离核爆中心1.5千米的广岛幸存者承受的辐射量，而与核电站隔街而住1年所遭受的辐射量还不及吃一根香蕉多。（香蕉中含有少量放射性钾-40，是人体辐射的主要来源。它的半衰期是14.2亿年，所以我们只能随遇而安了。）

什么是辐射？多少辐射量算多？大多数人对这类问题完全摸不着头脑。在探索不可见光和隐形危害的旅途中，我们需要暂时停下脚步，好好了解一下辐射。

没有多少词语比“辐射”更容易让人产生误解。19世纪中叶，法拉第和麦克斯韦的科学贡献改变了人们的观念，从此以后所有形式的光都被称为电磁辐射。按照这样的定义，蜡烛有辐射，夜灯和月亮也有辐射。当然，这类辐射是完全无害的。

在19世纪的最后几年，物理学家发现，不光在实验室，甚至整个自然界都存在看不见的辐射。镭能像X射线一样使相纸变黑，这也是辐射的结果，但这种辐射属于一个未知的种类。镭是否发射出了比原子还小的粒子？它发出的是某种未知的光吗？不论它有什么性质，科学家们最想弄清楚的是它是否对人有害。也许它还能造福人类？没人知道。

很快，所有被证实能够影响人体的不可见释放物（无论是粒子还是射线）

都被贴上了“辐射”的标签，即使人们明知道这个词也可以用来指一些人畜无害的物质，例如星光和萤火虫发出的光。总之，“辐射”一词至少具有两种不同的含义，这令人困惑，直到现在仍然如此。

因此，在本章中，“电磁辐射”特指某种形式的可见或者不可见光，而单独提到的“辐射”则取人们最熟悉的意思，也就是潜在的危险放射物质。辐射可以是拥有亚微观结构的、像子弹一样高速运动的原子碎片（例如质子）；也可以是波长非常短的光，能够破坏它所击中的原子，从而让生命组织的细胞发生变化。

但是，这样定义辐射还不够严谨。电也能致人死亡，可是不会有人把电当成某种辐射。辐射必须能够穿越空间和大气，而且不需要依赖电线之类的媒介就能传播。明白了吗？

让我重申一次：从现在开始到本章结束，我所提到的“辐射”指的是这样一种看不见的微小物质，它不会借助其他物质在空间中穿梭，而是以超高的速度从一个点飞到另一个点，并且能穿透活体组织，对动物和人类造成影响。在我们讨论生物体遭受的损伤时，“辐射”指的是能改变原子，从而改变细胞基因，导致先天缺陷和癌症的粒子或者能量。

正如我们所看到的，辐射既可以是微小的固体粒子，也可以是波。长波不会损伤原子，因此，可见光、无线电波，甚至微波都不会破坏基因并导致癌症。生活在手机基站附近会使人体内的原子振动加速，这会加热细胞组织，但并不会损害原子或者形成肿瘤。（但这对你仍然没有什么好处，第16章会详细解释这一点。）

γ射线和X射线这样的短波会损伤原子，紫外线也会。它们属于电离辐射，能够破坏基因，对人体有害。另外，质量大、运动速度快的亚原子粒子（例如中子）也可以破坏原子，所以，即使是粒子而不是能量波，它们也会被称为辐射。（反正区别不是那么明显，因为它们都有很像波的一面。）

辐射产生的原因很简单：原子中的电子向内部轨道（离原子核更近的轨道）跃迁的过程中产生了一点能量，以很高的速度被释放了出来。另一种常见的原因是，某种物质打在原子核较大且不太稳定的原子上，于是这个原子核的一部分就会突然破裂，像榴霰弹片一样飞出来。在这个大原子核突然释放出自身一部分的同时，还可能发射出一股能量，γ射线就是个例子。

我们无法预测某个特定原子发生上述变化的确切时间。但是，特殊的原子核（比如碳-14，它有6个质子和8个中子）在一段特定时间内总是具有衰变的倾向。不同种类的原子衰变的时间不同，有的很短，不到1秒，有的则长达几年，甚至几十亿年。例如，最常见的一种铀原子在45亿年后会“分裂”成两个较小的部分。如果你正在研究这种铀原子，那么等待其“分裂”的过程可能会令你沮丧，因为这种现象也许1秒后就会发生，也许45亿年后才会出现。

因此，科学家研究这类不稳定原子的时候，会取一个很大的量，并标明半数样品发生衰变所需要的时间。简单说起来，这是一个统计学问题。举例中铀的半衰期为45亿年，也就是说，在45亿年后，我们手头正在研究的这批铀中，预计有半数会衰变成为其他元素（铅），同时放出粒子或者能量。

奇怪的是，这些原子不会留下“记忆”。它们不会随着时间的推移而“变老”。尽管每个放射性元素的原子核都有特定的衰变规律，但我们无法看出哪个原子快要衰变了。也就是说，你面前的原子其实随时都有可能衰变。

在19世纪末和20世纪初，除了统计出各种放射性物质的半衰期，科学家还面临另一项挑战，就是确定对人体有害的辐射量大小。为了弄清楚这个安全的界限在哪里，早期的放射科医生将自己暴露在大量放射性物质中。这是勇敢的行为，但最终导致了许多人的牺牲，虽然这中间也有受到辐射后30多年才去世的人。

部分元素和粒子的半衰期	
氧-15	122.24秒
原子外中子	10.3分钟
碳-11	20.334分钟
碘-131	8.02天
纳-22	2.602年
钚-238	87.7年
碳-14	5730年
铀-238	44.68亿年

图15-1 部分元素和粒子的半衰期

我们已经看到，虽然X射线在投入使用的最初几年总是传来各种令人不安的消息，却没有广泛而一致的有力证据让放射科医生引起重视，采取必要的防护措施。直到20世纪30年代，人们才看清楚辐射的危害，到了20世纪40年代末，这种意识变得尤为强烈。

1946年，赫尔穆斯·乌尔里奇（Helmuth Ulrich）博士在《新英格兰医学期刊》（*New England Journal of Medicine*）上发表了一项研究，其中公布了对死者信息进行统计之后的发现——放射科医生白血病的发病率是其他医生的8倍。1956年，美国国家科学院在一份报告中支持了上述发现，并且得出结论：放射科医生的平均寿命比其他部门医生短5.2年。1963年，爱德华·B.刘易斯（Edward B. Lewis）博士进行的一项研究表明，在放射科医生中，白血病、多发性骨髓瘤和再生障碍性贫血等疾病的发病率和死亡率都非常高，两年后，约翰·霍普金斯大学的两名研究人员发现，与普通人相比，放射科医生心血管疾病和某些癌症的发病率要高出70%，白血病的死亡率高出730%。

但是在此之前，大部分人对这种危害没有什么认识。当时的年轻人（包括我的母亲）经常使用大量X射线来治疗痤疮、丘疹，以及其他常见的青春期皮肤病，这样做确实能使皮肤干燥，让这些问题在表面上得到缓解。直到20世纪50年代中期，许多鞋店还有供顾客操作的X光机。人们把脚放进去，在荧光屏上观察自己的骨骼，判断鞋子是否合脚，想看多久都可以。我有一位朋友，在我撰写本书的时候他已经80多岁了，他在担任海军技术员期间，总共目睹过17次氢弹爆炸。1957年，在太平洋马绍尔群岛（Mashall Islands）附近的埃尼威托克岛（Eniwetok），穿着便装的他摘下了防护眼镜，敬畏地注视着不超过16千米远的蘑菇云。60多年后，他仍然健康活跃。显然，就基因受损而言，过度辐射引发的危害具有一定的随机性。的确，辐射的量非常重要。但是，在和家人、朋友谈论辐射的时候，大多数人表现得有些神经过敏，就好像一切辐射都非常危险似的。这种普遍的担心甚至很像一种恐惧症，恰恰说明大家并不清楚什么样的辐射才是危险的。

以1979年3月28日的三里岛（Three Mile Island）核电站事故为例。这是美国有史以来最为严重的核事故。起初，机器发生故障，阀门被卡住。接着，一名操作人员曲解了警示灯的意思，使情况恶化，最终导致部分核燃料熔化，形成了一个氢气泡。如果它引起爆炸或者破坏安全壳房，就会向很大一片区域释放出大量辐射。然而，在事故发生之后，距离核电站最近的200万人受到的辐射总量只有1.4毫雷姆，或者0.014毫希沃特（毫雷姆和毫希沃特，英文缩写分别为mrem和mSv，是用来衡量辐射的单位）。最终报告将这个辐射量与居住在高海拔地区的丹佛市民每年接收到的80毫雷姆辐射进行了比较。还有进一步的对比：拍摄胸部X光片的患者所受的辐射量为3.2毫雷姆，是事故辐射的两倍多。

三里岛事故没有造成私人财产损失和人员伤亡。但是在一些工业事故的年鉴和手册中，这一事件被划分到了“灾难”或者“浩劫”的类别。对于媒体而言，辐射事故极其危险而且值得关注，这与是否造成实际损害没有关系。

然而话又说回来，只要辐射量足够大，它就是有害的。普通人中大约有23%的人最终死于癌症，但是对于职业飞行员和机组人员来说，这一概率要整整高出1%，这是因为他们经常在海拔很高的位置受到额外的辐射，那里的宇宙射线强度比地球表面更高。每天都有人因辐射丧生。

幸运的是，如今几乎不会有人接触到致命剂量的辐射。辐射确实能够致人死亡。暴露在700雷姆（= 70万毫雷姆 = 7000毫希沃特）的辐射中，大多数人起初会感到不适，例如恶心、虚弱、发烧和脱发，接着会在几天之内死亡。除非遇到切尔诺贝利事故那种情况（切尔诺贝利的廉价反应堆连安全壳都没有），地球上的任何人都不可能接触到如此强烈的辐射。不过医院里有人除外，那里确实有少数人经历过致命的过度辐射。他们原本正在接受常规放射治疗，结果却碰上软件故障，导致受到的辐射剂量提高到了致命水平。

加拿大原子能公司（Atomic Energy of Canada）生产的放射性治疗机器Therac-25就发生过这种事故，它于1982年首次上市。软件咨询公司“QSM联合”的管理合伙人迈克尔·马赫（Michael Mah）告诉我，现在IT工程师仍然会引用Therac-25的案例，来说明当安全完全依赖于软件时可能造成的严重后果。

Therac-25是利用辐射来为癌症患者治病的仪器，可以用低剂量电子束治疗位置不太深的肿瘤，也可以切换X射线进行深度或者高剂量的放射治疗。光束的聚焦剂量通常为70拉德左右，差不多是7万毫雷姆。但是在某些情况下，软件本身的缺陷会使患者接收到比所需量高出100倍的辐射，也就是7000拉德，这是致命的剂量。在1985 ~ 1987年，曾经有6名患者遭遇Therac-25故障，其中有3人死亡。事故发生时，患者立刻感受到了来自超高剂量电子束的“强烈电击”，于是从台子上一跃而起，一边尖叫一边朝门口跑去，试图逃走。

在此之前两种型号的同类仪器都有硬件锁，能够防止设备意外切换到极高剂量。但是Therac-25仅依靠软件来防止事故的发生。

通常情况下，在新制造的电子设备中，每涉及500行代码就会出现一个错误，而Therac-25有10.1万行代码，所以出错也是意料之中的事情。

事实证明，某行代码中的一个潜在漏洞导致了辐射强度的提高。程序原本命令机器将光束强度提高6倍，可是机器却将辐射提高了10^6倍。实际上，机器无法提供如此高的辐射强度，于是它便释放出“最大限度”的辐射，“只”将剂量增加了100倍。

医院的操作人员看到屏幕上出现了“故障54”的提示。但是，机器的使用手册中并没有记录这个提示信息的含义。因此，操作人员输入字母“p”（代表继续），跳过了这条错误信息。起初，公司坚持认为不可能出错，于是机器一直处于使用状态，直到新的硬件保护措施和直接剂量监测投入实践，这个问题才最终得到解决。

医疗领域之外，有人遭遇致命辐射的情况非常罕见，但是1946年出过一次大事。路易斯·亚历山大·斯洛廷（Louis Alexander Slotin）出生于1910年，他是加拿大物理学家，曾在著名的洛斯阿拉莫斯国家实验室（Los Alamos National Laboratory）参与曼哈顿计划（Manhattan Project）。在第一颗原子弹诞生前后的几年里，斯洛廷主要负责测定浓缩铀和钚的临界质量，然后将它们应用于武器中。他被称为“美国首席军械工”。

斯洛廷做的那些“临界测试”非常危险，需要让裂变材料接近但不超过临界质量。临界质量意味着完全失控的原子爆炸。试想一下，如果你的日常工作有可能引发核链式反应，那会怎样？科学家们戏称这种工作为“挠恶龙的尾巴”。1945年7月16日，人们在新墨西哥州阿拉莫戈多（Alamogordo）举行的第一次核武器爆炸试验，也就是著名的“三位一体核试”（Trinity）中，正是斯洛廷为设备组装了核心部分。

可能是因为太有经验了，斯洛廷有些漫不经心。1946年5月21日，斯洛廷在一颗6.35千克的钚核外面放置两个铍半球罩，洛斯阿拉莫斯国家实验室的另外7名专家则站在一边旁观。斯洛廷将左手大拇指插在上方半球罩的孔里，像拿保龄球一样拿着这个23厘米大的球罩，用螺丝刀维持着上下半球之间的空隙。确保球罩不会完全盖住钚核，以免触发核反应是至关重要的。这种情况一般是要使用垫圈或者垫片的，但是，就像专业电工经常带电装配电线一样，斯洛廷对自己的表现感到信心十足，不像咱们这样的门外汉，在没有断开线路的情况下，绝对不会接近带电电线。

下午3点20分，螺丝刀滑离了位置，导致上方半球罩落下。它只下降了不到2.5厘米，而且前后不过1秒，但“临界反应”还是发生了。突然之间，大量的辐射爆发出蓝色的闪光。后来，人们认定这就是切伦科夫效应（Cherenkov effect），是亚原子粒子以超过光的速度穿过空气而引发的。[1]

与此同时，房间里的每一个人都感觉到一股巨大的热浪。斯洛廷后来表示，他嘴里还尝到了一种强烈的酸味。他立刻向上抽出手，把铍半球罩扔到地上，链式反应立即结束了。但是为时已晚。他猜到自己肯定遭受了致命的辐射。事实上，在被送往医院之前，他就开始呕吐。尽管接受了连续的重症监护，包括静脉注射，但他还是在事发9天之后不幸离世。从他的症状我们可以看到动物细胞受到辐射破坏的结果。由此而来的痛苦经历包括双手肿胀、严重腹泻、肠麻痹、坏疽，最后是重要器官衰竭。

房间内的另外7个人中，距离钚核最近的那一位在医院里接受了将近1个月的治疗，所幸最后脱离了生命危险，但是这场事故给他造成了永久性的神经和视力损伤。20年后他离开了人世，享年54岁。另一位旁观者在19年后死于急性骨髓性白血病（这是遭受高剂量辐射后的典型结果），享年42岁。

还好，刨除广岛和长崎的情况不谈，人们暴露在致命辐射下的机会非常罕见。长崎和广岛的幸存者遭受了巨大的痛苦，但是绝大多数生还者接触到的辐射量低于300雷姆（3000毫希沃特），这种辐射水平对于暴露其中的半数人来说是致命的。然而，这正是早期一些照射X光的患者接触到的辐射量的估计值。即使这个量降到100 ~ 200雷姆（1000 ~ 2000毫希沃特），人们一开始虽能承受

---

[1] 介质中的光速比真空中的光速小，粒子在媒质中的传播速度可能超过媒质中的光速，在这种情况下会发生辐射的现象，被称为切伦科夫效应。——译者

得住，但是日后患癌的风险会大大增加。

这个辐射水平正是20世纪早期物理学家允许自己承受的最高辐射水平。原因很简单：在那之前的20多年里，认为辐射有益健康的“专家”和持相反意见的科学家一样多。在人们研制出第一批核武器之后的几十年里，一些辐射一直被应用于医疗领域。1981年，蒙大拿州的两所“健康疗养院”散发广告，宣传氡气有益于治疗“关节炎、鼻窦炎、偏头痛、湿疹、哮喘、花粉症、银屑病、过敏、糖尿病以及其他疾病”。广告称，坐在废弃矿井里——当然，你要提前支付费用——呼吸放射性的气体能令人关节放松，缓解各种疼痛。然而，广告上没有提到的是，医学界在10多年前就已经发现，铀矿中的氡气导致矿工患上肺癌的风险增加了500%。

辐射来自哪里呢？它真的无处不在，既可以来自地面，也可以来自天上的太阳和繁星。大气层为我们阻挡了其中的一部分，但是你所在的海拔越高，接触到的辐射就越多。在海平面附近生活的人平均每年受到的辐射量是360毫雷姆（3.6毫希沃特），其中82%来自自然界。但是，由于过去25年里CT扫描使用的激增，现在一些权威人士认为，美国每年实际的人均辐射量超过了600毫雷姆。

自然界的辐射会诱发一些自发性的肿瘤，这一直困扰着人类，但是对于极低剂量的辐射是否对人体有害，科学界依然存在争议。生活在高海拔地区的藏族人和秘鲁人比生活在低海拔地区的人受到的辐射量要多得多，但是他们白血病的发病率并没有增加。2006年，法国的一项重要研究表明，生活在核电站附近的儿童癌症的发病率并没有上升。动物研究的实验结果表明，暴露在辐射下会导致遗传缺陷。令人惊讶的是，就人们收集到的所有关于辐射后果的信息而言，对于人体持续暴露在自然界低水平辐射下是否存在健康风险，目前没有明确的共识。已经得到证明的是，较高水平的辐射会让人的健康面临风险。具体来说，我们认为一个人每年可以从自然界接收360毫雷姆辐射，其中不包括人造辐射源（例如医用X射线）发出的辐射量。人们普遍认为在这个范围内，辐射是无害的。但是，一次CT扫描就能产生两倍于此的辐射量，目前医疗机构估算，经历过一次CT扫描的人中，每2000人里便有一人会在未来患癌，这概率显然不为零。

只要密切关注一下，我们就可以轻松地计算出自己每年接受的辐射量。让我们从最大的辐射来源数起：只要你生活在地球上，就先给自己加上26毫雷姆。不要埋怨大地母亲——整个太阳系里没有哪个行星上的辐射比地球更少了。事实上，地球是一个相对安全的避风港。

你居住的地区每高出海平面305米，你就要给自己加上5毫雷姆。如果你住在丹佛，你就得给自己加上25 ~ 30毫雷姆辐射量。如果你住在科罗拉多州的莱德维尔（Leadville），海拔大约3000多米，那么你会比波士顿人多接触60毫雷姆的辐射。

你家的房子是不是用石头、砖头或者水泥建起来的呢？是的话，请给自己加7毫雷姆辐射量。这些材质天然具有轻微的放射性。基本上，只有木质结构的房屋才不会有辐射。房地产开发商从来不会告诉你这些，对吧？你家里有地下室吗？这里所说的地下室指的是没有窗户的地窖，或者窗户又高又窄，在靠近地下室天花板的位置。如果是这样的话，那么一旦地下有氡气，巨大的潜在危险就会降临。这很大程度上取决于你居住在哪个地区。加利福尼亚州北部和纽约州北部的居民几乎不需要担心这个问题。但是纽约州南部大部分地区的地面以下，氡气的含量都非常高。如果你家就在那里，那么氡气就会顺着地下室的裂缝进入房间，每年至少会让你多接收250毫雷姆的辐射量。那将是你最大的辐射来源，真的不容小觑。算上每天的饮食，你还要再为自己加上40毫雷姆辐射。这显然是免不了的。放射性最强的食物有香蕉、土豆、啤酒、低钠盐（盐的替代品）、红肉、利马豆和巴西坚果，不过巴西坚果中的镭并不会被人体吸收。

此外还有50毫雷姆是你身体发出的自然辐射，就像香蕉里闪闪发光的钾散发出的辐射一样。（其实钾-40不是真的会发光。抱歉。）

20世纪50年代，人们在今天俄罗斯北部、新墨西哥州和南太平洋上的几座岛屿进行过原子试验，空气中仍有残留辐射，为此人人都要给自己再加上1毫雷姆辐射。如果经历过那个年代，你就会发现，全世界的政治家都在“致力于”破坏人类的健康。好在，很多国家已经为减少辐射达成了协议。在此之前，大气层的全球碳-14水平增加了一倍，高达50吨左右。后来，它才慢慢恢复到接近自然的水平，也就是之前的一半。

大气中碳-14变化带来的一个意外结果是，研究人员可以利用“核爆突跃测年”技术来确定任何个体诞生的时间。没错，通过测量牙釉质和晶状体中碳-14的含量，就能判断人的年龄。在过去的半个世纪里，研究人员一直在使用这种辐射定年法。它基于这样的原理：任何碳-14样本中有半数会在5730年里转化为氮，而且每一个活物以及每一个曾经的活物（包括已经埋葬的法老身上的棉制服装）都含有碳-14。

空气中每1兆个非放射性的普通碳原子里，就有一个碳-14（^{14}C），因此我们的身体里也会有它。它的化学性质与普通碳元素相似，但是原子核内多出了两个额外的中子。生物体死后就会停止吸收新的碳元素。所以，最稳定、最常见的碳元素（碳-12）会永远存在于我们的体内，但是碳-14会在5730年后消耗掉一半。剩下样本的一半在两个半衰期（11460年）后就会消失。

因此，通过测量碳-14和碳-12的比例，我们能知道动植物是在多久前死亡的。

经过漫长的时间，大气中正常的碳-12与放射性碳-14的比值达到了一个稳定的状态。但是，20世纪40年代末到50年代的核试验使空气中碳-14的含量急剧增加。当时，新闻界普遍更加关注锶-90。这是因为，17年间高强度核试验的放射性沉降物将锶-90散布到了世界各地。但是，它的半衰期只有28.8年，到了2017年，大约75%的锶-90就消失殆尽了。

核试验也释放了大量铯-137，它向大气中放射了巨量的 γ 射线——最可怕的一种辐射。但是，铯-137的半衰期只有30年，所以它们中的大部分现在也消失得差不多了。

然而，碳-14的半衰期长达5730年，可能会带来更大的麻烦。一种奇特的机制拯救了我们：自然过程可以清除它。绝大多数碳-14被大地和海洋吸收，所以我们吐出的二氧化碳里也不会再带有大量碳-14了。

图15-1 1945年至1963年，核武器试验所释放出的γ射线，比早在罗马帝国之前地球累积接收到的还要多。它还向大气中排放了50吨放射性碳-14——大约是空气中天然碳含量的两倍（图源：美国陆军信号兵摄影部队）

还有一些微量辐射，估计只有真正的强迫症患者才会在意。但是，如果你也很在乎这个的话，就请留意以下几个方面。

· 乘坐飞机每飞行1600千米，你受到的辐射就多1毫雷姆。一次从美国东海岸到西海岸的往返飞行，可以让你受到的辐射增加6毫雷姆辐射。经常坐飞机的人需要注意。

· 去医院拍一次X光片，你受到的辐射就多40毫雷姆。这不算多。再强调一遍，CT扫描带来的危害更加严重，尤其是全身扫描。

下面这些辐射更加微小，在某些新闻报道中看到它们，你可以放心地选择无视，有的媒体不过是想引起读者和观众的恐慌。

· 佩戴一块液晶手表，每年多接收辐射0.06毫雷姆。

· 住所距离火力发电厂80千米远，每年多接收辐射0.03毫雷姆（煤烟具有轻微放射性）。

· 房间里装有两支烟雾探测器，每年多接收辐射0.02毫雷姆。

· 住所距离核电站80千米远，每年多接收辐射0.009毫雷姆。

· 在机场接受行李安检，你在机器附近受到的辐射为0.002毫雷姆。

对于超小量辐射产生的影响，科学界仍存在争议。梅奥医学中心、美国国家癌症研究所、美国保健物理学会，以及世界上绝大多数流行病学家一致认为，极低剂量的辐射根本不会对人的健康产生丝毫影响。完全不会。不存在。零。但是有的科学家认为，极低剂量的辐射（1毫雷姆以内）可能会引发某些概率极低的事件，比如每4000万人中会有1人因此患癌死亡。

如果你住在丹佛，地下室里有氡气；如果你每年飞行超过3万千米；如果你每年接受一次全身的CT扫描，那么你需要担心吗？这个嘛，你的患癌风险可能提高了千分之一。但是，人天生就有25%或者20%的概率患上癌症，所以增加的这部分风险仍然相对很低。

如果你还是很在意辐射，就检测一下地下室的氡气含量，需要的话，安装一个排风扇。这是相对不费事的解决办法，可以帮你减少数百毫雷姆的辐射。你还可以避免不必要的CT扫描，甚至可以减少搭乘航班的次数，这样一来，每年又能够减少100 ～ 1000毫雷姆的辐射。

对了，还有一件事。别盼着移民到火星。火星居民两年内受到的辐射量，足以破坏他们13%的大脑。

大多数人可能更喜欢细水长流，一次只消耗一点点“终身辐射额度”，比如，沐浴一番热带阳光，或者飞往巴厘岛旅行。但是，有些人可能把这个额度

"挥霍一空"，例如星际旅行中的宇航员。在一趟为期两年的火星任务中，宇航员受到的辐射量甚至会超过核电站工作人员一生承受的辐射量。如果我们想要移民火星，这就是眼下亟待解决的问题。

对于未来的宇航员来说，这是一件大事。环境最危险的地方可能要数木星，它有一个巨大的辐射俘获磁层。迷人的卫星木卫二上有温暖的海洋，那里极有可能发现外星生命。但是，身穿宇航服的人站在被冰层覆盖的木卫二表面，每10秒钟便会受到一次致命剂量的辐射，和站在距离1吉瓦核反应堆中心不到10米远的地方效果相当。

但是，这些还是留给子孙后代去担心吧。

第16章　原子四重奏

可能有人会说，19世纪90年代是人类取得基础性发现最多的10年。1897年，当全世界还沉浸在威廉·伦琴宣布发现X射线的兴奋之中时，约瑟夫·约翰·汤姆逊（Joseph John Thomson）发现了第一个亚原子粒子——电子。与此同时，开尔文勋爵和英国人威廉·拉姆塞（William Ramsay）几乎每个月都在发现新的元素。在实验室加热并通过分光镜观察元素氦的时候，他们看到了一组明亮的彩色线条，它就像指纹一样，完美地契合了唯一未被确认过的太阳释放物。就这样，人们知道了太阳中最后一种未知物质是什么。正因如此，氦元素的英文Helium得名于希腊太阳神赫利俄斯（Helios）。而且科学家发现，它是宇宙中含量第二高的元素。1894年，拉姆塞发现了另一种“惰性气体”（它们不会与氧气或者其他物质结合，总是保持着纯净的状态）——氩气。我们平时呼吸的空气中就有不少氩气，这种气体占大气总量的0.92%，仅次于氮气和氧气，而氮和氧元素早在200多年前就已经为人类所知晓了。

拉姆塞还给惰性气体通上高压电流，造出了第一支霓虹灯管（也叫氖管，氖元素也是他发现的），很快它便在世界各大城市夜晚的商业区流行起来，这功劳属于他一个人。拉姆塞是世界上发现元素最多的人。

在这场探索热潮中，有几位杰出的物理学家几乎无法入眠。与尚未知晓答案的神秘事件相比，最近刚被解开的谜团显得那么微不足道。不过，有许多未解之谜即将得到合理的解释。其中，有两位物理学家是一对夫妇——皮埃尔·居里（Pierre Curie）和玛丽·居里（Marie Curie），短短几年后他们便名扬四海。英国的欧内斯特·卢瑟福（Ernest Rutherford）最终揭开了原子的本质。19世纪90年代科学“四重奏”的最后一名成员是安东尼·亨利·贝克勒尔（Antoine Henri Becquerel），1852年他在巴黎一个杰出的学者家族出生。他们每个人都为我们打开了一扇理解自然的无形大门。

贝克勒尔是法国的应用物理学教授。19世纪90年代，他对荧光现象（物质经某种颜色的光照射后，发出另一种颜色的光）产生了极大的兴趣。（想想这样的情景：一块奇形怪状的石头经过红光的照射，黄昏过后发出了绿光。）得知伦琴发现X射线后，贝克勒尔就假设，像铀盐这样的荧光材料在受到强光刺激后，说不定也会发出类似X射线的光辐射。

1896年2月，对不可见光的研究迎来了重要的转折。贝克勒尔把铀放在提前用厚厚的黑纸包裹起来的底片上，再将它们一起放在阳光下。果然，冲洗好的底片上显示出了铀晶体的图像。他得出结论：“荧光物质发出的辐射能够穿过不透光的纸。”他的想法是，铀吸收了太阳的能量，然后释放出了X射线或者其他类似的物质。

贝克勒尔原本计划在2月26日和27日重复这项试验，但是那几天巴黎上空阴云密布。由于没有阳光，他只好把包裹好的底片连同铀一起放进了抽屉里。也许是直觉使然，两天后他冲洗了底片，期待能看到微弱的图像，因为除了昏暗的室内光线，铀没有接触其他光照。出乎意料的是，铀晶体的图像依旧清晰无比。

只有一种可能：铀能够独立发出看不见的射线。它不需要任何外部能量源的提前刺激。也就是说，有些材料不需要预先受到光和热的激发，就可以自发地放射能量。贝克勒尔最初假设，铀释放出来的物质是X射线或者某种未知的不可见光。但是，在做了一个重要的测试后他发现，在磁场的影响下这种物质的路径发生了偏转。然而，包括X射线在内的其他任何光在靠近磁场时都不会发生偏转，这就表明，铀发射出来的不是不可见光，而是大量微小的带电粒子，就像一连串小子弹一样。贝克勒尔发现了放射性物质，但是没有为它命名。后来，他与居里夫妇一起被授予了1903年的诺贝尔物理学奖。

在听闻贝克勒尔的发现后，欧内斯特·卢瑟福开始探索铀的放射性，而他的成果很快就颠覆了人们对大自然最基本层面的认知。卢瑟福出生于1871年，在新西兰南岛的乡下长大，家中12个孩子里他排行第4。他的父亲种植亚麻籽，经济拮据，母亲玛莎是一名教师，薪水微薄。孩提时代，卢瑟福就深刻地意识到家庭的贫穷困难。他们甚至靠掏鸟窝来贴补家用。

卢瑟福下定决心要出人头地。他取得了当时的新西兰大学学位，并且在前往剑桥大学深造时获得了奖学金。他在那里成为约瑟夫·约翰·汤姆逊的第一个研究生（那是在汤姆逊发现电子之前）。正是在那里，他开始研究物质的放射性。

卢瑟福采取了一种更为先进的方法：让放射性物质将周围空气电离到电流更容易穿透的程度。从中他发现，铀和钍的释放物中有两种成分。很快他便将其中之一命名为α射线。在实验中，α射线能被仅有几十微米厚的金属箔吸收和阻挡，在金属箔之外无法检测到它。但是，他口中的β射线在消失之前就轻而易举地穿过了几千微米厚的金属箔。

他将这两种射线分别置于磁场中，发现二者的路径都发生了偏转，但是β射线偏转角度更大，而α射线路径变化很小。这就表明，β射线肯定是某种质量很轻的带电粒子，而α射线的粒子质量较大。

后来，卢瑟福接受了蒙特利尔麦吉尔大学的教职，并在那里继续他的研究。1899年，由他提出的“α射线”和“β射线”成为全球公认的两种辐射的名字。

1902年，成天与铀和钍打交道的居里夫妇发现了一种全新的物质——

镭。它释放出的辐射比铀和钍更为强烈。卢瑟福和助手弗雷德里克·索迪（Frederick Soddy）建立了一种原子衰变理论，用于解释实验中碰到的奇怪现象。直到那一年，人们还认为原子是一切物质稳定的、永恒的、不变的基础。但是，卢瑟福和索迪证明，物质的放射性实际上是原子衰变为其他类型原子时自发放出射线的现象。也就是说，从定义上讲，放射性就意味着衰变的过程。几个世纪以来，炼金术士们一直试图搞定的就是这回事：将一种元素转换成另一种元素。

1903年，卢瑟福开始研究镭产生的新型辐射，并且发现它具有惊人的穿透能力。这一强大的辐射是法国化学家保罗·维拉尔（Paul Villard）发现的，它与 α 射线和 β 射线完全不同。卢瑟福自然而然地将它命名为 γ 射线。他发现，γ 射线不仅能够轻松地穿透金属箔，甚至在穿透几厘米厚的铅板之后还能被检测到。而且不论是在磁场中还是在电场中，γ 射线都不会发生偏移。它总是笔直向前，这表明它很可能是某种形式的不可见光。

卢瑟福不仅发现并确定了多种辐射，还和居里夫妇一起描述了它们的性质。尘埃落定，人们终于弄清楚了这些辐射的真面目。事实证明，质量很重的放射性元素通常都具有非常大的原子核，其中一部分会自发断裂。

α 射线很早就被正确地称为 α 粒子，它是由两个质子和两个中子构成的，通常以氦原子核的形式存在于自然界中。

β 粒子的真实身份就是电子，它们纯粹就是质量很轻的电子，仅此而已。它们带有一个单位的负电荷。

卢瑟福发现，γ 射线既不带电也没有重量，本质是光而不是粒子。历史似乎总是喜欢把最厉害的角色留到最后：γ 射线是人类发现的最后一种不可见光，它具有最强大的能量，能够破坏任何原子和分子。（我们将在第17章详细地介绍它。）

1909年，卢瑟福和两名助手——包括盖革计数器的发明人汉斯·盖革

（Hans Geiger）——进行了著名的“金箔实验”。金具有很好的延展性，可以被压制成比其他金属都要薄的箔片。卢瑟福向只有几个原子厚度的金箔发射了一束 α 粒子。

当时，约瑟夫·约翰·汤姆逊提出了一个假设，他认为原子就像一块布丁，带负电的电子就像葡萄干一样镶嵌在带正电的布丁球上。但是，如果“葡萄干布丁”的模型是正确的，那么原子带正电的部分应该分散开来，而不是集中在中心的点上；而且 α 粒子在穿过金箔时，应该只发生小角度的偏转，因为 α 粒子的质量很重，理论上没有足够结实的障碍物能够大幅改变它高速运动的轨迹。

然而事实并非如此。令人惊讶的是，每8000个飞驰而出的 α 粒子中就有1个发生了超过90度的大角度偏转，而其余粒子则以很小的角度甚至无偏转径直穿过金箔。卢瑟福从中得出结论，原子的大部分质量肯定集中在一个很小的、带正电的区域，而电子就像行星围绕太阳一样分布在其周围。

许多年后，在回顾这个实验时，卢瑟福表示：“这是我今生遇到的最不可思议的事情，就好像你对着一张纸打出了一个（直径）38厘米的大炮弹，但它却返回来击中了你。”

1911年，卢瑟福结合数学分析后提出了一个原子模型，这个模型沿用至今。他总结说，原子的正电荷和质量都集中在其内部一个极小的区域里。原子本身的大小是该区域的1万倍。他称之为原子核（nucleus），拉丁语中是“小坚果”的意思。电子在远离原子核的轨道上运动，彼此不靠近，它们所处的领域极为空旷。因此，原子绝大部分的体积都是空的。

尽管会跳出故事的时间线，可我还是要说明一下，卢瑟福在1917年证明了在其他种类的原子中也能找到重复出现的氢原子核。1920年，他将原子中带正电的部分命名为质子。同一年他又提出，原子核中还有另一种独立的大质量粒子，它不带电；从根本上讲，它就是以某种方式与电子融合在一起的质子。他将存在于这种理论中的亚原子粒子命名为中子，并且认为中子不带电，其质量等于一个质子加上一个电子的质量之和。虽然在接下来的十几年里人们并没有实际发现中子，但是这个名字却被沿用了下来。

卢瑟福全都说中了。如今我们已经知道，每个原子的原子核都是由质子和中子组成的。原子核非常小，却占据了整个原子的质量。一个质子的质量是绕其运动的单个电子质量的1836倍。然而，这么大的质量浓缩在了一个小得难以想象的空间里。

如此之小却又如此之重，这么说来质子和中子的密度肯定高得惊人。为了达到这样的密度，我们必须将一艘游轮压缩到只有圆珠笔尖的珠子大小才行。试想一下，一个比圆珠笔珠还要小的球体，却和一艘游轮重量相当，甚至还包括了它承载的每一吨钢材。看似不可能，对吧？然而，这样巨大的密度就真实存在于我们身体里的每一个质子和中子中。

诚然，就在贝克勒尔和卢瑟福在放射性和原子结构方面不断做出突破性进展时，触及物理学根基的重要理论还没有登上历史舞台。爱因斯坦的相对论、尼尔斯·玻尔（Niels Bohr）和马克斯·普朗克（Max Planck）的量子理论，以及保罗·狄拉克（Paul Dirac）、埃尔温·薛定谔（Erwin Schrödinger）等人的进一步研究，这些都还没有发展起来。尽管如此，多亏了这两位物理学家和居里夫妇，我们对自然的认识在世纪之交的几年里取得了巨大的飞跃。

1867年，玛丽·居里出生于波兰，她当时的名字是玛丽亚·斯克沃多夫斯卡（Maria Skłodowska），她一直心系祖国，在移民法国很久之后，还坚持要求两个女儿讲出一口流利的波兰语。她自学成才，年轻时的光阴都花在了读书上，而且她痴迷于科学。1889年，她在华沙做家庭教师，同时在当时一些教授家中开办的“飞行大学”学习。其间，她自食其力，后来在华沙市中心的一个化学实验室参加了科学培训。

1891年年底，她离开波兰前往巴黎，最初与姐姐和姐夫住在一起，后来搬到拉丁区的一间小公寓里。她在巴黎大学学习化学、物理和数学。她的生活十分艰苦，几乎总是囊空如洗，偶尔还会因为饥饿而晕倒。

玛丽白天学习，晚上做家庭教师，于1893年获得了物理学学位，接着被一个工业实验室聘用。1894年，在获得第二个学位后，她遇见了毕生的挚爱——皮埃尔·居里，当时他是巴黎市工业物理化学学校一位年轻的教员。本着对科学的热爱，他们走到了一起，并很快发现了许多共同爱好，比如骑自行车旅行。1895年夏天，他们结婚了。

同一年年底，伦琴发现了X射线，居里夫妇也被随之而来的喧嚣包围。这种不可见光在许多方面仍然是谜。各种各样的发现如同巨石崩塌一般接踵而至。几个月后，也就是1896年年初，贝克勒尔发现铀发出的射线穿透力与X射线相当，而且这种释放物似乎是铀自发产生的。就在全世界都在为他们的发现感到震惊时，玛丽决定亲自研究一下这些新射线。

她取得的第一个突破性进展，就是找到了比底片感光更为精确的量化铀释放物（玛丽在一篇公开发表的论文中称之为“辐射”，这一术语被沿用至今）的方法。10多年前，皮埃尔和哥哥开发了用来测量电荷强度的静电计。玛丽用这台灵敏的仪器测量了铀射线周围空气的导电强度。这比以前的方法又先进不少，事实上，这也为后面出现的盖革计数器打下了基础。

第一阶段的工作有了成果，玛丽发现实验探测到的辐射量会随铀的重量变化，于是她得出结论，这些释放物是来自铀本身的原子，而不是外部光源或者其他物质与之作用的结果。这是她突破性进展的第一步：她发现原子并不是稳定而不可分割的，而是可以分解和突变的。

1898年7月，玛丽和皮埃尔共同发表了一篇论文，宣布发现了一种新元素，他们称之为钋，以纪念玛丽的祖国。6个月后，就在1898年圣诞节的第二天，居里夫妇宣布他们发现了第二种元素，它的放射性高得惊人，比铀还要高出100万倍。他们将其命名为镭，在拉丁语中是“射线”的意思。

可是，镭在放射性矿石中的含量极低，人们几乎无法对它进行提纯，而提纯往往是确定物质性质的第一步，也是最重要的一步，其目的是消除可能干扰未来试验的杂质。1902年，居里夫妇从1吨沥青铀矿中成功地提取出了0.1克氯化镭。直到1910年，玛丽才从金属盐中分离出纯镭。这对她来说是一次非常重要的探索。她发现，在镭的辐射下，肿瘤会缩小，于是她很快就开创了镭的医疗用途，并把它当作一种神奇的物质。之后的一生中，她一直把这种元素称为“我心爱的镭”。

1906年，在一个风雨交加的夜晚，皮埃尔被一辆马车撞倒，头骨在车轮下碎裂。很不幸，他就这样突然离世了。之后，玛丽的名气不断增长，她又持续工作了20多年。1934年，在访问波兰期间，她死于再生障碍性贫血，这种病就是由镭的辐射引发的。她经常身着实验室大褂，把镭装在没有任何防护层的玻璃瓶里带在身边，而这种物质则悄无声息地散发着具有穿透力的、有史以来最为强烈的不可见光——γ 射线。直到最后，她也不愿承认镭的危险性。然而，一个多世纪以后，她的笔记本仍然带有很强的辐射，让人难以碰触。直到今天，人们还必须穿上特别的防护服，才能仔细研读它们。

居里夫妇和贝克勒尔在1903年共同获得了诺贝尔奖。玛丽是第一位获得诺贝尔奖的女性，也是第一个两次（第二次是在1911年）获得诺贝尔奖的人。

第17章　γ射线：最强之光

如果光想要伤害我们，就必须穿透皮肤，破坏细胞。这一点可见光做不到，无线电波、微波和红外线也做不到。然而，具有极高能量的X射线和γ射线能够穿透人体，好像我们的皮肤如同薄雾一般不堪一击。

在19世纪的最后几年，科学家探测辐射的能力变得越来越强。最初，用黑纸包裹底片感光是看到物质放射性的唯一方法。人们利用这一技术可以方便快捷地确定能够产生辐射的物质。例如，在接触赫歇尔的“热射线”和赫兹的无线电波时，底片并不会感光。里特尔的“化学射线”（紫外线）频率更高，能量更大，但仍然没能在密封的底片上留下任何痕迹。而伦琴射线和即将登上历史舞台的γ射线都具有充分的穿透力。

1898年，在居里夫妇发现镭的时候，人们就已经有了更加精确的方法可以检测看不见的辐射。辐射中的带电粒子和高能光在穿过空气时，会将氧原子和氮原子中的电子撞击出来，使它们带电。通过探测气体的导电情况，人们可以发现这种电荷。

我们已经知道，1899年，卢瑟福将贝克勒尔发现的容易被阻挡的射线称为α射线，将穿透力更强的射线命名为β射线。1900年，40岁的巴黎教师保罗·维拉尔在自己的小实验室里开始研究元素镭的放射物。他把一小块镭放在铅盒里，盒子上有一个很小的开口，镭的“射线”可以从这个开口出来。他看见了前人描述过的镭射线，同时还发现一些新的东西在不断涌出，它们比他之前观察到的任何物质都更强大，穿透性也更强。谦虚的维拉尔并没有给这种超级射线起名字，只是描述了它的性质。3年后，卢瑟福将维拉尔的发现命名为γ射线，以保持他按照希腊字母命名的一致性。

人们花了很多年才弄清楚γ射线到底是什么。卢瑟福首先假设它是某种具有更高速度的α粒子，所以能够穿透金属这类高密度的物质。但是，α粒子在磁场中的偏转量很小，γ射线却完全不会发生偏转。这个重要的迹象表明，γ射线很可能是某种光。1914年，卢瑟福让γ射线从晶体表面反射回来，并测量了它的波长。他猜对了：γ射线的波长非常微小，只有原子大小，它的频率非常高，每秒振动超过100万兆次，所以它比X射线的能量还要强。

这是人类有史以来发现的最强之光，至今仍然没有哪种光比γ射线更厉害。γ射线（γ辐射）的能量如此之大，几乎能够破坏其接触到的一切生命。它是不可见光中最危险的一种。

在所有不可见光中，只有γ射线没有足够明确的波长。曾经有一段时间，它被划分为波长比X射线短、频率比X射线高的波。很多天文学家仍然将这作为γ射线的常规定义，根本不管它来自何处，是如何产生的。但是，现在一些物理学家会根据来源定义γ射线。γ射线通常不是由于电子的运动产生的（这是其他光产生的方式），而是在原子核处于激发状态（发生裂变时）或者突然改变形状时，发出能量而产生的。这样的跃迁会在瞬间发生，所以γ射线的形成过程非常短暂。γ射线还有一种比较常见的现代定义：从原子核发出的射线就是γ射线，由电子的运动产生的则是其他的光。这种具有歧义的区分方法会使X射线和γ射线之间的界限难以明辨。

宇宙中大部分γ射线都是来自常人难以想象的爆裂场面，它们发生在距离地球非常遥远的地方。例如，反物质（所有电荷性质都被逆转的物质）撞击正常物质时的湮灭过程，超新星爆炸，还有正在坍塌的超大质量黑洞都会发出γ射线。

最不同寻常的要数20世纪90年代发现的 γ 射线暴。远在银河系之外的某个地方，一条长长的（持续10 ~ 50秒）的 γ 射线流从空中某一点发出，平均每天出现一次。现在，人们普遍认为这是遥远的超大质量黑洞坍塌造成的结果，一个黑洞每秒发出的能量比太阳终生释放的能量还要多。[1]

2010年发现的某种奇怪的 γ 射线引起了不小的恐慌。那一年的11月，天文学家公布了一件令人震惊的事实。借助美国国家航空航天局在2008年发射的费米 γ 射线太空望远镜，他们观察到了两个完全由 γ 射线构成的巨型气泡在银河系中心的两侧形成。

如果这两个以每小时354万千米速度膨胀的气泡构成了同心圆，而且都以银河系中心为圆心的话，那就够了不得的了。但这两个巨型气泡更奇特。它们分别位于银河系中心黑洞的上方和下方，在看似空旷的空间里盘旋。它们彼此相切，在银河系中心处接触，形成了一个短胖的"沙漏"。整体结构看上去很像阿拉伯数字8。

恒星是不会发出 γ 射线的。所以，银河系中心出现如此密集的 γ 射线群令人十分费解。这明显是极端破坏性事件的迹象。然而直到今日，银河系中心还是像闷热7月中，午餐时间的新奥尔良一样充满活力。

这两个气泡边缘清晰，轮廓清楚，个头极其庞大。数字"8"的顶部和底部与银道面的距离都是25 000光年。从地球的角度来看，"沙漏"的上下两端和位于银河系中心的人马座相距25 000光年，倾斜构成了两个巨大的45度角。它占据了我们南部天空的一半。

---

[1] 黑洞是一片密度极高的区域，那里的引力非常强，任何想要从中逃脱的物体都必须比光运动得更快，但这显然是不可能的。因为连光也无法逃脱，所以那里的一切物体看上去都是黑色的。事实上，只有非常衰老而且质量巨大的恒星才能坍塌到这样的程度，当它们内部的氢燃料消耗殆尽时，就无法再提供足够的外推力量来抗衡外部各层内落的重量了。每个星系的中心都有超大质量黑洞，它们的质量可不是太阳的十几或者二十倍，而是数百万甚至数十亿倍。我想说的重点是，黑洞附近的亚原子粒子和原子会被拉进一个超高速轨道，围绕恒星和超大质量黑洞运动，形成所谓的吸积盘。在进入我们视线并从中消失之前，这些粒子将以超高的速度运动，以至于受到激发而产生高能光束，例如 γ 射线。

图17-1 从银河系边缘观察人们在2010年发现的，巨大的、具有超强能量的神秘 γ 射线气泡（图源：美国国家航空航天局）

这个“沙漏”的能量相当于10万个超新星爆炸所产生的能量。理论家需要解释的不仅仅是这么大的能量从何而来，他们还必须解释这种偏离中心的趋势，因为周围看起来虚无一片。

试想一下，一个较大的膨胀气泡中有一个小的膨胀气泡，而且它们都位于银河系中心的巨大黑洞上。考虑到它们由高能 γ 射线组成，我们更容易认为，是过去发生的某个火爆的大事件促成了这两个气泡的形成。但是，我们真正看到的情况不是这样的。相反，我们观察到的两个气泡是独立的，一个在另一个的上方，好像它们原本正在缓缓移动，在相互接触的时候卡住不动了。而它们相接触的地方正好是银河系中心，也就是超大质量黑洞的所在位置。然而，两个气泡的圆心分别位于银河系中心的上方和下方，距离十分遥远，我们在那儿附近什么也没有发现。这太不可思议了吧！

在一次记者招待会上，曾任美国国家航空航天局总部天体物理学部门主任的乔恩·莫斯（Jon Morse）对这一发现进行了总结：“这又一次表明宇宙充满了惊喜。”后来，人们将这个硕大无朋的沙漏称为“费米气泡”（Fermi

Bubbles），向发现这一现象的轨道 γ 射线望远镜致敬，如今它已被当作一种全新的天体。

在试图解释银河系在389万摄氏度高温下“吹出”的 γ 射线气泡时，许多天体物理学家给出的意见居然高度统一——“我们不知道。”还有一些人从一开始就提出了可能的原因。第一种解释是，或许在几百万年前，银河系中心集中形成了众多大质量恒星，在此出现了由高能粒子组成的高速气流。单凭这一点无法解释气泡所蕴含的超高能量，所以该理论进一步假设，许多这样的恒星在同一时间爆炸成为超新星。

对这样的解释不满意吧？我也是。那么来看看第二种解释。银河系中心有一个质量与400万个太阳相当的黑洞，当它捕捉到由恒星释放出的、曾经潜藏在银河系中心的粒子时，在短时间里就会如同过节一般异常兴奋。被捕获的物质在黑洞的吸积盘处（在落入万劫不复的最内层之前，物质在此处仍然暂时可见）加速。然后，黑洞或许会产生它当前没有的东西：高速喷射的双物质流。我们看到过其他几个星系的超大质量黑洞中爆发出这样的蓝色喷流。这些喷流可能在银道面的上下两侧沉积了高能物质，虽然谁也说不准气泡当时在这些位置形成的具体过程。

还有更奇怪的解释呢——有人怀疑它们是我们长期寻找的暗物质的迹象。暗物质很神秘，它拥有引力，但是完全不可见。这会不会就是银河系像黑胶唱片一样旋转，使其他星系行为怪异的原因呢？暗物质是否会像物质和反物质那样，在与它的对立实体相遇时湮灭？也许吧。不过，更有可能的是，费米气泡完全是一种全新的现象，它甚至可能阻碍人们对暗物质的探索。

正如费米研究小组组长道格拉斯·芬克贝纳（Douglas Finkbeiner）在采访中所说的：“这种现象只会令一切更难以理解。”

幸运的是，γ 射线很少会到达地球表面，来到我们的身边。用绕轨道运行的 γ 射线望远镜向下观察地球，我们能够发现，γ 射线每天只会出现500次短暂的闪光，而且主要来自剧烈的雷暴现象。

原子弹和氢弹爆炸时也会短暂地发射出 γ 射线。在实际应用中，γ 射线轻松杀死生物（包括抗辐射能力很强的昆虫）的功能受到了食品行业的青睐。食品辐照可以防止蔬菜水果发芽，从而保持它们的风味。这项技术被普遍应用于香料的杀菌。在实际操作时，产品在流动式货架上经过高强度的 γ 射线照射，然后像乘坐游乐场里的轨道滑车一样离开。这一过程可以灭掉所有的昆虫和病原体。

支持纯天然饮食的人对食品辐照表示不满。他们坚持认为，所有食物中都含有一种科学无法检测到的“生命力”（印度人称之为“息”），它会被辐照破坏掉。根据这一观点，就算被辐照过的水果能保持原来的维生素量，而且看起来毫无变化，只要细胞和活力已经被 γ 射线毁坏了，它们就不再具有“生命力”。

作为 γ 射线的来源，镭还被用于治疗湿疹和其他皮疹，以及去除良性皮肤肿瘤和痣。这种放射性治疗自20世纪20年代起已经应用了近几十年。它也曾被用于治疗甲状腺肿大、扁桃体和腺样体发炎、哮喘、百日咳，甚至女性分娩后的哺乳问题。如今，人们仍然在用 γ 射线对抗肿瘤，尽管大多数情况下，这只能作为一种缓和手段。

我们已经介绍了各种不可见光被发现的故事：从1800年自学成才的天文学家赫歇尔如何发现第一种不可见光，到1900年维拉尔老师如何发现 γ 射线，时间跨度差不多是一个世纪。

纵观历史，人们不断发现新的元素和化合物，研究并利用它们的性质。但是我们现在已经知道，在这样一个求知若渴的时代，一群伟人贡献了一系列重大而又惊人的科学发现。太阳以及看似普通的金属元素能够发出不可见光，在某些情况下，甚至能发出微小的、看不见的粒子。这些隐形的家伙在空中狂奔，影响着其他物质。它们还会影响生物体。这就好比科学家在人群之中发现了幽灵一样。随着研发不可见能量的技术和各类应用产品的诞生，我们很快就面临这样一种情况：它们充斥着地球的空间，不断地在我们体内来回穿梭。

在为人类提供近乎神奇的便利时，这些幽灵又是如何影响我们的生活和健康的呢？我们有必要弄清楚这个问题，因为有一种不可见光是我们现在根本离不开的。

第18章　手机辐射

不能说没有人预见过手机革命的到来。科幻小说家亚瑟·C.克拉克（Arthur C. Clarke）在1959年——也就是他的代表作《2001：太空漫游》（*2001: A Space Odyssey*）问世差不多10年前——写过一篇文章，描述了一种“个人收发器，非常小巧玲珑，人人都能随身携带”。他预见了一个时代，那时人们“只要拨一个号码，就能给地球上任意地方的人打电话”。这种收发器甚至还配备了某种全球定位系统，这样“人们再也不会迷路了”。在随后的《未来的轮廓》（*Profiles of the Future*）一书中，他又预言这种电话会在20世纪80年代中期出现。（没错，他的推测有10年的偏差。克拉克通常能将细节刻画入微，但是对时间的判断却不准确。他曾设想人类在2005年以前探索木星。）

从20世纪90年代砖块大小的卫星电话，到现在几乎人手一部的手机，这期间我们经历了漫长的科技发展。20世纪90年代的电影中依然有人们在机场排队等候使用付费电话的镜头。现如今只要150美元，印度南部没有电网覆盖的村民就能购买侧装式的外部太阳能电池板，用来给手机充电。

多亏有微波，我们才能取得这样的进展。它是实现手机功能的重要媒介。与珀西·斯宾塞发明微波炉不同，手机并非某人的技术发明。无绳电话的概念早在近一个世纪前就已经存在，一些最初的系统甚至在第二次世界大战以前就应用在了欧洲的火车上。之后“无线电话机”就出现了，最初和公文包差不多大，改进后就只有牛奶盒大小了，但仍然不支持区域间的漫游。

20世纪60年代，贝尔实验室的工程师理查德·H.弗兰基尔（Richard H. Frenkiel）、乔尔·S.恩格尔（Joel S. Engel）和菲利普·T.波特（Philip T. Porter）——尤其最后这一位——率先提出了蜂窝网络的概念，它可以将信号从一个基站传输到另一个基站。他们提出让蜂窝基站使用现在常见的定向天线，这样可以将干扰降到最低，还能重复使用特定的微波频率。波特也是提出“预拨号”的第一人，这种呼叫方法能阻止外界对信道的无端占用。

20世纪70年代，贝尔实验室的工程师阿莫斯·乔尔（Amos Joel）发明了一种三边中继电路，用于辅助从一个小区到另一个小区的呼叫切换过程。但是在接下来的10年中，这种切换方法（多点发送和接收呼叫的方法）还未优化，就直接从电路交换转变为分组交换，于是整个数据块得以无缝改变传输节点。我们在这里并不是要感叹手机从20世纪90年代早期的1G到后来2G、3G、4G乃至5G这一系列惊人的技术发展历程。这一路走来，每一次重大突破都让移动通信的数据承载功能和比特率大大优化，最终让现在的智能手机得以日常处理密集的数据流。我们关注的是实现这种数据流的不可见光，以及在整个过程中它可能对我们的健康产生的影响。

还需注意的是，微波信号不仅来自基站，还来自距离地面18 186千米的高轨道卫星。其中，目前太空中的24颗美国GPS卫星，中国、欧洲各国和俄罗斯的卫星新系统，以及提供卫星电话服务的铱星卫星等构成了无线电频谱环境，我们的家中和身边免不了有电磁波。如果我们靠近基站或者身处Wi-Fi热点，那么周遭必定充满了电磁波。

将微波用图像呈现出来并不容易。我们可以将一条射线想象成一条弯曲的毛毛虫，它的背部拱起，头和尾部下垂。最大的微波就像1米长的袜带蛇，中间部分同样弯曲拱起。每一条弯曲的毛毛虫消失后，同一位置又会出现一条新的，1秒钟出现3亿次。这相当于30 000个10 000，比现代电影中每秒播放单帧画面的速度还要快成千上万倍。

我们需要为此担心吗？确实有人非常在意，你从报纸上就能读出这种焦虑。经常有人给编辑写信，表示对来自手机基站、Wi-Fi，甚至手机本身的微波辐射感到恐惧，并敦促学校禁止使用Wi-Fi。有时官方机构会做出回应：2015年，纽约伍德斯托克的学校临时限制校内Wi-Fi设备的使用，等待进一步的调查结果。

手机辐射是否会给人体带来危害？这一话题引发了大量舆论，有的颇有见地，有的则过分偏执。例如，总有人在网上发表文章，坚称手机行业的企业（包括制造商、软硬件公司，以及运营商）、政府监管机构，甚至大型主流保健机构（比如美国癌症协会和梅奥医学中心）明明清楚微波的危害，却想方设法隐瞒真相。

有些担忧源自2011年世界卫生组织国际癌症研究机构（International Agency for Research on Cancer，IARC）发布的一份报告。这个机构的成员聚集在法国里昂，围绕射频调制电磁场（RF-EMF）与癌症之间相关性的科学研究进行了探讨。令全世界惊讶的是，经过紧张的商议，专家们决定将手机、基站和Wi-Fi网络发出的射频电磁波归为第二级B类致癌物，也就是“可能的人体致癌物”。

然而，《纽约时报》（*New York Times*）2016年的一篇文章指出，关于这个问题人们已经进行了多方研究，其中包括英国的“百万妇女研究”（Million Women Study），丹麦对35万余名手机用户的调查，以及关注无线电波如何影响动物和培养皿中细胞的研究。这些研究的结果都证实，目前仍然“没有令人信服的证据表明，手机与癌症或者其他疾病之间存在任何联系。此外，自1992年以来，尽管手机的使用量急剧增加，但是美国脑癌的发病率一直保持稳定”。

在令人恐慌的“可能的人体致癌物”和《纽约时报》这样安抚人心的报道之间，人们摇摆不定，很难确定到底该相信谁。这种没有定论的问题本身也会引起焦虑，因为人们需要知道一个确切的答案。每天有超过10亿人使用手机，手机对我们到底有没有危害呢？

简单说来，很可能没有，但是你也可以采取一定的预防措施。

首先，微波和无线电波都是非电离辐射。它们的能量不足以将电子从轨道上轰击出来，也就是说不会引起原子本身的变化。因此，即使长时间暴露在微波或者无线电波中，你也不会面对基因突变或者染色体损伤的危险。它们基本没有致癌的可能性。

事实上，微波不仅位于电磁波谱的电离辐射之外，而且还离得非常远。微波比红外线的能量低，而红外线又比可见光的能量低。即使非常明亮，灯光（例如红色的气氛照明灯饰）也不会对人体造成任何伤害。

那么家中十几岁的孩子使用手机安全吗？先不论微波是否能致癌（我们等一下再讲这个问题），我们已经知道，它确实会使原子振动得更快，使组织变热。一项研究表明，把手机放在耳边接电话时，同侧的血液流量会明显增加。这种影响是不可否认的。但这是有害的吗？也许这仅仅意味着大脑的某一部分变得活跃起来了呢？可能会有人指出，比起打电话，喝一碗汤或者品一杯茶能让更多的组织发热，但是我们不会因为频繁喝茶而担心自己的健康。另外，洗一次热水澡对人体的加热效果就能超越连续使用手机1个月。因此，虽然射频辐射确实有加热效果，但这听起来有些吓人的特点很可能无足轻重。

回到癌症的问题上：截至2016年，医学文献中关于射频“辐射”的主流研究超过了7000项。据《纽约时报》报道，最大规模的研究并没有发现手机的使用与大脑肿瘤或其他癌症之间存在联系。

这项规模最大的研究就是“对讲机研究”（Interphone Study），涉及13个国家，包括加拿大、英国、丹麦和日本。研究人员调查了7000多名脑瘤的确诊患者和14 000名健康志愿者（作为对照组），询问他们使用手机的情况。研究发现，一般而言，手机的使用与神经胶质瘤（脑部恶性肿瘤）的发病率之间关联不大。只是有一组参与者在不戴耳机的情况下至少使用手机1640个小时，比起从未使用过手机的人，他们患上神经胶质瘤的可能性要高40%。这一发现与其他研究结果（使用手机不会增加患癌风险）相矛盾，于是这项研究的发起人推测，患有脑瘤的人在为自己的悲惨遭遇寻找根源的时候，很可能比健康人更容易夸大自己使用手机的情况。

此外，令人欣慰的是，有结果表明，因职业需要而接触射频能量超过我们普通人1000倍的工作人员（例如，实验室技术人员、手机基站的维护人员和雷达技术人员等），他们的癌症发病率没有升高。

尽管如此，有些研究结果还是令人生疑。自2013年以来，人们一直在研究动物暴露在各种强度的微波下会受到什么影响，总体结果是令人放心的。但是2016年，一项针对老鼠的研究发现，从出生前就暴露在高水平手机辐射下的老鼠，两年后患上脑癌的概率为2%（仅限于雄性）。通常脑癌的发病率就是2%，但奇怪的是，对照组的老鼠中没有一只患上肿瘤。换句话说，不管是否暴露在微波辐射下，老鼠的癌症发病率应该是一样的，这样才能还微波一个清白。整件事情实在令人费解，尽管仍然有人相信这项研究，但是大多数研究人员都不承认这个结果。

丹麦的一项研究发现，每天长时间使用手机的人脑瘤的发病率较高。但是这个结果并没有起到任何作用。2014年，英国大型保险公司劳合社（Lloyd's）宣布不再针对微波的影响出售和健康相关的保险。许多人开始质疑，不受限制地使用手机是否会危害他们自己和孩子。

种种匪夷所思的研究都在等待真正的认可，而我们则需进一步认识手机辐射。事实上，迄今为止还没有令人信服的证据表明使用手机会增加患癌风险。那么，为什么国际癌症研究机构将微波列为了第二级B类“可能的人体致癌物”呢？这个问题嘛，要全面地来看待。毕竟，世界卫生组织将咖啡也归为第二级B类致癌物（2B），尽管一些调查机构[例如，消费者联盟（Consumers Union）]表示，咖啡实际上是有益健康的。如果20年后，进行了7000项研究的人们反而发现微波“可能”致癌的证据，那么它也许会被归为第二级A类致癌物（2A），但是即便如此，它仍然不像第一级致癌物那样，“确定”会引发癌症。换句话说，“2B”意味着致癌的效果非常微小。就目前的情况来看，即便最坏的情况出现，我们也只会发现微波有那么一点致癌性，比如，差不多每几百万名手机用户中会有1例癌症患者。这种程度的危害甚至难以让人们产生改变自身习惯的动力。与此同时，科技也在进步，手机信号的发射越来越高效、越来越环保，之前的研究结果也会过时。

正如美国癌症协会所指出的，到目前为止，大多数研究都没有发现手机的使用和肿瘤之间存在联系。尽管如此，这可能依旧无法结束这场争论，让我们彻底安心——事情也不应该如此。这些研究受到了许多限制，美国癌症协会指出：“首先，研究未能长期对人们进行追踪调查。在接触过已知致癌物后，肿瘤通常需要几十年的时间才能形成。因为在大多数国家，手机被人们广泛使用只有20年左右，所以目前尚不排除手机的使用者未来出现健康问题的可能。其次，手机的使用情况在不断地变化。人们使用手机的时间比10年前更久，而且手机的使用方式与过去相比也大相径庭。因此，我们也很难确定，针对过去几年手机使用情况的研究结果是否依然适用于今天。”

暴露的频度、强度还有持续时间都会影响射频辐射的效果，这些因素还会相互作用。此外，为了理解射频辐射暴露的生物学效应，人们必须知道这种影响到底是一种心理效应，还是真的会通过长期积累发挥作用。简而言之，整个射频波段（不仅包括手机的微波，还包括电视和电视塔的辐射）是否存在任何对人体有害的效应，这个问题很难说清楚。2017 ~ 2020年，这个领域将公布新的研究结果，在撰写本书时，微波是否安全还没有定论。

在等待最终结果时，我们何不做一些力所能及的事以尽量减少辐射暴露呢？和所有可见的、不可见的电磁辐射一样，射频辐射的强度与距离的平方成反比。也就是说，如果你和一个灯泡的距离比刚才远了一倍，那么此时它的影响就会降至之前的1/4。如果你想知道从土星上看太阳有多亮，那你计算在地球上看到的太阳亮度除以10^2等于多少就行，因为土星与太阳之间的距离差不多是日地距离的10倍。也就是说，土星上的阳光要比布鲁克林（Brooklyn）的暗100倍。这个方法简单又好记。

使用手机通话时，你可以避免将它紧贴在耳边，因为紧贴耳边时信号源距离你的大脑只有2厘米。你可以使用免提或者耳机，这样能让手机与大脑相距30厘米，大脑接收到的微波强度就下降到了之前的$1/15^2$，也就是1/225。你也可以加入年轻人的行列，少打电话，多发短信。这样一来，我们也没有什么可担心的了。

第19章　宇宙射线

1968 ~ 1972年，阿波罗计划的30名宇航员（他们3人一组执行任务，3次登上了月球）冲出地球的时候，经历了空前绝后的事。他们冒险离开了地球磁场的保护层——磁气圈。

这些事情太奇怪了，没有人预料得到。他们每分钟都会看到像流星一样的东西划过眼前。起初，宇航员们对这种令人不安的新情况守口如瓶。他们大多数是海军飞行员出身，长期以来的经历施加给他们一条不成文的规定：不要向医生透露自己有什么不适，尤其是精神方面的问题。

但是，有一些宇航员会向关系亲密的同伴倾诉。他们逐渐发现，所有宇航员都亲眼看到过这种条纹状的东西。于是，他们心安理得地向太空飞行指挥中心报告了这件事。

美国国家航空航天局的医生给出了一个直接的推测，这个推测后来得到了证实。宇航员看到的是强大的宇宙射线。在地球大气层和磁气圈之外，没有任何东西能够阻挡那些外太空的高速入侵者，于是它们便肆无忌惮。每一道射线都会撕出一条进入大脑皮层的通道，刺激并破坏神经元，让人眼前出现条纹状的画面。

29岁的奥地利物理学家维克托·赫斯（Victor Hess）是宇宙射线的发现者。1883年6月，赫斯出生于奥地利，1906年他在格拉茨大学获得博士学位。最初他决定在著名物理学家保罗·德鲁德（Paul Drude）的指导下研究光学，德鲁德的伟大贡献之一就是定义了代表光速的c。然而，可悲而又让人难以理解的是，就在赫斯报到的几周前，德鲁德自杀了。

于是，赫斯接受了维也纳大学的教职。当居里夫妇在1898年发现镭并引起全球轰动时，赫斯开始认真研究当时最热门的物理学问题。作为奥地利科学院镭研究所的助理，他被一种奇怪的现象吸引住了：即使附近没有放射性元素，人们在验电器的内部也能定期检测到电荷，而且不论验电器的绝缘性有多好，结果都一样。当时公认的解释是，地球上的矿物（例如，石英和花岗岩）能够产生周期性的辐射，所以造成了这样的现象。若果真如此，那么把验电器举起来放到远离地面的位置，验电器内的电荷就应该减少。

我们有合理的物理学依据可以解释这一点。正如第18章提到过的，光和其他电磁辐射的强度，与光源距离的平方成反比。因此，如果将放射性元素镭从原来的位置移开，使它与观测点的距离达到之前的两倍，那么在同一段时间里，观测点处的辐射应该只有之前的1/4。一篇广受认可的科学论文对此进行了详细的阐述：假设地球表面的放射性岩石分布均匀，那么海拔10米（也就是3层楼高）处的辐射量将会是在地面测量到辐射量的83%；在10层楼的高度，这个百分比会变成36%；而在1000米高的地方，辐射量只有地面的0.1%。

那么，如何解释赫斯在验电器内观察到的电荷呢？答案就在当时新出现的研究里。一些科学家发现，与地面距离较远的地方辐射不一定少。1910年，特奥多尔·伍尔夫（Theodor Wulf）在埃菲尔铁塔的顶部和底部分别用验电器进行了测试，发现300米高处的电离辐射远高于人们的预期。

难道这种辐射来自天空而不是地面？赫斯首先计算出，在离地460米的高度，下方的绝缘空气足以阻挡来自地面的一切辐射，所以在这里不会检测到来自地面的辐射。接着，他借助热气球让仪器升空。从1911年起，3年多的时间里，他在空中测量了10次一系列电离辐射，每次得到的都是同样的结果。随着气球上升，辐射先是减弱，随后又迅速增强。在5000米左右的高空，验电器的读数至少是地表处的两倍。在一篇公开发表的科学论文中，赫斯宣布："有一种穿透力很强的辐射从上方进入大气层。"

赫斯非常勇敢。为了消除太阳的影响，他还冒险在夜间飞行。果不其然，验电器的读数在夜幕降临后仍然很高。1912年4月17日，日食期间，月球阻挡了绝大部分来自太阳的能量，辐射强度依旧没有降低。

如果赫斯测量到的辐射并非来自太阳或者地球表面的岩石，那么它就一定来自外太空。1913年，在一次重大的科学会议上，人们接受了这种辐射源自外太空的说法，但是他们认为它是 γ 射线。10多年后，将神秘辐射戏称为"宇宙射线"的罗伯特·密立根（Robert Millikan）证实了赫斯的发现。1936年，赫斯获得了诺贝尔物理学奖，这是世界对他的认可[1]。

密立根误以为这种高能射线是某种不可见光。1927年，研究人员证实，一个人受到的宇宙射线强度会随着他与赤道距离的变化而变化。如果这种射线是某种光的话，这就不太合理了。但是，如果它们受地球磁场影响而发生偏转，那就说得通了。因此，它们肯定是某种带电粒子，而非光子。

接着，在1930年，更加怪异的现象出现了。科学家们发现，从东、西两个方向进入大气层的宇宙射线在强度上存在差异。这表明，宇宙射线的粒子不仅带电，而且带的是正电，因为带负电的粒子在穿越地球磁场时会产生相反的结果。这就说明，宇宙射线大多是带正电的质子。

到第二次世界大战结束时，研究人员已经对宇宙射线的真实成分有了一定的认识。没什么特别的，它们大约90%是质子，即氢原子的原子核；不到9%是 α 粒子，也就是氦原子核（包含两个质子和两个中子的"巨大"球体）；1%

[1] 赫斯的妻子是犹太人，第二次世界大战期间，他受到纳粹威胁，于是移民到美国，担任福特汉姆大学的教授。广岛核爆之后，他继续进行辐射测试。他爬上了纽约帝国大厦的第87层，测量了纽约190号街地铁站花岗岩的放射性。赫斯不断地在物理学领域做出贡献，直到1964年离开人世。

是普通的电子，也就是 β 粒子。包括反物质在内的其他各种零碎物质占了不到1%。

稍后我们会讲到反物质。就目前而言，我们只需要知道，弄清宇宙射线的成分在当时毫无意义，而且这个问题至今仍令人困惑。的确，质子和电子都是由太阳发射出来的。但是，宇宙射线中也有一部分超高能量，那些不大可能源自太阳。从一开始，天体物理学家就有这样的猜测：这部分能量大多来自非常遥远的超新星爆炸。后来，某些剧烈的天体现象（例如，星系核心的爆炸和黑洞的坍塌）也被确认为宇宙射线的来源。而宇宙射线的主要来源是超新星及其残骸，例如，著名的金牛座蟹状星云。

为什么宇宙射线的主要成分是质子？宇宙中电子和质子数量相当。超新星难道没有把电子也甩出去吗？电子上哪儿去了？它们的情况更糟糕，这一小部分宇宙射线速度极高，具有难以置信的能量。它们中的一部分产生的冲击力堪比时速90千米的棒球撞击头部。想象一下：一个比原子小得多的粒子，以势不可当的力量猛撞到的一切事物。如果它恰巧撞在了我们的某一条基因链上会怎么样？它对人体健康会产生怎样的整体影响呢？

仔细看看数据，我们就会发现，我们每年接触的辐射有相当一部分来自地表——至少对于家中地下室有氡气泄漏的人来说是这样的；有一小部分来自我们体内，具体来源包括放射性碳-14和香蕉等食物中的钾-40；但是，还有一部分辐射来自大气上方，也就是宇宙射线。正如赫斯发现的那样，超过一个特定的点，我们上升得越高，遇到的辐射就越强。居住在丹佛这样高海拔城市的人，每年接受的辐射有1/4都来自宇宙射线。

对于那些工作地点比珠穆朗玛峰海拔还高的人（职业飞行员和机组人员）来说，情况更加糟糕。由于频繁暴露在宇宙射线下，他们接触到的辐射量是其他行业人员的两倍，癌症发病率比一般人高出1%。普通人只要不是每年飞行超过13万千米，受到的辐射就不至于超过美国政府为核电站工作人员规定的上限。

我们所接触到的宇宙射线强度不仅取决于我们所处的海拔高度，还与时间有关。外太空的宇宙辐射源源不断地飞向我们，但它们往往会在太阳系边缘遇到一道“屏障”，进而发生偏转，那里是终端激波，是高速喷出的太阳风从超音速减速至亚音速的区域。但是，太阳能量随着太阳活动周期（大约11年）的变化而变化，在此期间，太阳风暴和亚原子粒子流喷发（太阳风）会交替变得更加强烈或者更加微弱。在太阳活动较弱的那几年，终端激波区域的保护作用也会减弱，这道屏障变得更容易渗透。如果此时，外太空的宇宙射线进入地球，那么其强度就会偏高。特别是在强大的太阳耀斑出现时，太阳自身宇宙射线的强度提高，飞越极地航线的喷气式飞机便会遭受额外的辐射轰击。

如果有便携式摄像机，那么此时躲在漆黑的小屋里观察它的黑色屏幕，你会看到宇宙射线击中相机感光元件芯片时发出的闪光。这时，你会庆幸自己不是乘坐宇宙飞船、游离于地球大气层和磁层之外的宇航员，也不是未来的火星移民。在为期半年的火星之旅中，宇宙射线轰击产生的高水平辐射出现一次你就够危险的了，你极有可能受到伤害。那时你要经受的可就不仅仅是视野中出现条纹这种轻微的症状了，很可能就连你的寿命也在不知不觉中缩短了。

在20世纪40年代末、50年代初，人们认为宇宙射线对大气层之外的任何生物都会造成严重危害。那么，这对人类的航天事业会产生什么影响呢？为了找到答案，在由詹姆斯·亨利（James Henry）上校手下的大卫·西蒙斯（David Simons）上尉主导的一个美国空军项目中，他们利用德国V-2火箭（这是一件战利品），先后将果蝇、老鼠、灵长类等动物送往大气层上部的区域。

首次将猴子送入大气层上部的实验原定于1948年6月18日实施，但是在离开地面之前，猴子就在太空舱中窒息而亡了。一年以后，另一只猴子搭乘通风更加良好的太空舱出发了。不幸的是，降落伞出了毛病，于是这个可怜的小家伙和它的前辈一样牺牲了。

到了1954年，研究人员转而使用高空气球进行测试。宇宙射线的危险程度仍然是未知的。人们常常选择用一种特别的黑老鼠进行试验，它们毛囊中的色素在受到辐射破坏时会马上变成白色。好消息是，这些老鼠在大多数情况下都保持着黑色。到了第二年，西蒙斯已经完成了几十次试飞，参加实验的动物（大部分是爪哇猕猴）都毫发无伤地返回了地面。直到1955年，人们才基本确定，在当时各种保护措施齐备的情况下，宇宙射线不会威胁宇航员的生命——至少在短时间内不会。1957年，就在震惊美国的苏联轨道卫星斯普特尼克1号（Sputnik-1）首次发射前几个月，美国空军让试飞员西蒙斯带着辐射监测仪，乘坐热气球飞到30千米以上的高空，并持续停留超过24个小时，结果并没有发现任何不良影响。因此，就在太空之旅的帷幕即将真正拉开时，我们才获得了批准人类执行短期任务的"通行证"。

但是，仅凭宇宙射线不会对动物和人类产生致命伤害这一点，我们并不能确定它不会影响人体的健康。宇宙射线进入大气层后也会搞出点不同寻常的事情。在距离地面56千米的高空，宇宙射线撞击空气分子，就像撞击摆好的台球一样，最终将原子打碎。这些原子碎片以近乎光的速度向地球表面坠落。从四分五裂的原子中飞出的 μ 介子有时也被视为宇宙射线。这些奇怪的粒子既不是超级重，也不是特别轻，单个质量大约与208个电子相当。μ 介子的寿命也很短暂，半衰期仅为两百万分之一秒，眨眼之间就会解体消失，只剩下大量的电子和一些几乎没有重量的中微子，这些都是对人体无害的东西。

但是如果在消失之前撞上了细胞核中的遗传物质，那 μ 介子真的会造成危害。其实，这一直是困扰人类的"自发性"肿瘤产生的原因之一。你无法躲开它们。每秒钟大约有240个 μ 介子在人体内闪过。如果你住在丹佛这样的高海拔地区，那么会受到更多 μ 介子的撞击；如果你选择在很深的地下安家，或者大部分时间都待在地下停车场的话，便不会受到任何影响。

不过，从上文中，我们可以看出一些不合理的地方。计算一下你就会发现，μ 介子在56千米以上的高空诞生，并且以接近光的速度下落，而消失之前它们只能存在两百万分之一秒，那么从逻辑上讲，它们根本不会穿透我们的身体。即使达到光速，也没有什么物体能在两百万分之一秒内飞过几个街区。μ 介子又怎么可能在这么短的时间里一路到达地球表面呢？

直到1905年和1915年爱因斯坦相继提出两大相对论，这一现象才得到了解释。之后人们才知道，时间和物体之间的距离会根据特定的条件而发生扭曲。因此，在高速运动的 μ 介子（如果它们有意识的话）看来，它们与地面的距离并不是56千米，而仅仅是一个城市街区的长度，所以 μ 介子在自己消失之前来得及到达地球表面。

我们观察到的就是另一番景象了。对于我们来说，μ 介子的诞生地和地面之间的距离仍然是56千米。在我们眼中，μ 介子走过的路程并没有发生变化。但是测量结果显示，μ 介子时间流逝的速率减慢了，它们做起了真正的慢动作。由于 μ 介子的时间像被冰冻了一样缓慢，它们衰变的速率也会减慢，这样一来，它们就不会在几微秒内消失。相反，它们的半衰期被延长了，在新的一生中，它们来得及到达地面。

它们衰变得很慢，所以我们觉得它们的时间变慢了。但 μ 介子并不认为自己的时间变化了，它们只会觉得眼前的距离缩短了。这正是爱因斯坦所预见到的。时间和空间都不是绝对的，它们会根据特定的条件（例如速度）发生扭曲，这也是相对论得名的原因。

我们通过数字直观地感受一下：速度达到光速的99.999 999 9%时，μ 介子会觉得眼前的距离缩小到了之前的1/23 000左右，原本56千米的距离一下子就缩短为2.4米。于是，μ 介子们说："哎哟，有生之年我一定要到达地面。"它们确实做到了。

另一方面，我们观察到 μ 介子的时间被大幅压缩，以至于1小时缩短到只有1/6秒。无论从哪一个角度来看，μ 介子都能到达地面，进入我们体内。只是在它们走过的距离和经历的时间方面，我们和 μ 介子无法达成一致意见。

这就是爱因斯坦理论的关键：没有谁对谁错，只不过时间的流逝并不是绝对的，空间和距离也并非不可改变。事实上，它让我们看到，宇宙不是由任何固定的维度所组成的。可以说，宇宙是没有大小的。

相对论告诉我们，这些看似无害的 μ 介子实际上能够对人体造成伤害，有时甚至和宇宙射线一样威力强大。因此，与最初产生它们的宇宙射线一样，μ 介子也被列在了不可见实体的名单上，它们不断地穿透我们的身体，有时甚至会置我们于死地。

第20章　宇宙诞生之光

某些形式的不可见光的确无所不在。卫星传输、电视信号、手机基站不断发出的无线电波和微波简直能将你淹没。但是在这些技术问世之前，即使是在尼安德特人[1]的时代，身穿兽皮的原始人也一样会不断地受到微波轰击，然而，直到1964年人们才知道这回事。这种自然“光”来自四面八方。它是宇宙诞生时所产生的能量的残余物质。

下面这个探索故事要讲述的，是人类如何在偶然中找到了揭示宇宙本质的关键。

我们要一路倒退回19世纪中叶，从埃德加·爱伦·坡（Edgar Allan Poe）的一篇鲜为人知的散文诗《我发现了》（*Eureka*）说起。他因《乌鸦》（*The Raven*）这首诗而闻名于世，对于“宇宙的存在或多或少进入永恒稳定的状态”这样普遍的信念，嘟哝着“永不复焉”[2]。在爱伦·坡深沉的思绪中，宇宙最初可能是一种密度极大的“蛋”，随后爆炸并膨胀开来。

几十年来，这一想法与宇宙总是保持“稳定状态”的观点相持不下。爱德文·哈勃（Edwin Hubble）在1929年指出，宇宙确实在膨胀，这说明它源于某

[1]　居住在欧洲及西亚的古人类，因其化石在德国尼安德特山谷被发现而得名。——译者

[2]　《乌鸦》一诗中，乌鸦不断重复一句话：“永不复焉（never more）。”——译者

种爆炸，但这仍然没有令稳定派们改变主张。毕竟，在每个足球场大小的空间里，每个世纪都有一个新的氢原子出现，填补由不断膨胀的星系造成的空白。它为恒星的形成提供了最终原料。如此缓慢而又持续的过程很难被探测出来，也很难遭到驳斥。

那么到底哪一种说法是正确的呢？包括英国理论家弗雷德·霍伊尔（Fred Hoyle）在内的一些人认为，整个宇宙在某天早上突然冒出来这样的想法十分荒谬。1949年，他轻蔑地用“大爆炸”（big bang）来指代这一可笑的观点，结果没想到这个词不但被沿用了下来，还成了正儿八经的名字。对比之下，谁又能说哪一种说法更牵强呢？宇宙是横空出世的，还是像滴水的龙头一样，由一个个原子汇集而成的？不论是以哪一种方式，显然总有一些东西突然出现，也许它们来自未知的维度。在20世纪50年代，教科书将这两种观点都列为宇宙起源的合理解释。

20世纪40年代，乔治·伽莫夫（George Gamow）等科学家计算出，如果宇宙源自爆炸，那么耀眼夺目的初始能量应该仍然存在。诚然，空间的膨胀会拉伸所有能量波，产生绚烂辉煌的红移现象。但是，看不见的剩余能量应该仍然可以探测得到。他认为，这种如同宇宙背景噪声一般的大爆炸残余物会产生相当于－248.15摄氏度的能量。

当时，人们既不知道宇宙膨胀的真实速率，也不知道它的实际大小，所以无法测量这种“不可见光”的精确频率。尽管如此，这个想法还是很合理的，其他物理学家提出了具有不同频率和等价温度的能量，并认为它们理应填满整个空间。

在20世纪60年代，人们一致认为这样的能量应该只比绝对零度高出几摄氏度，相当于波长只有几毫米、频率为每秒几十亿次的微弱电磁波。确切地说，就是微波。有些人打算建造一架特殊的射电望远镜，用来观察这些从宇宙诞生之日残留下来的隐形射线。

1964年5月20日，一切都改变了。当时，贝尔实验室的两位射电天文学家罗伯特·威尔逊（Robert Wilson）和阿诺·彭齐亚斯（Arno Penzias）意外发现了一种被称为宇宙微波背景（Cosmic Microwave Background，CMB）的辐射。

他们两人在新泽西州的霍姆德尔（Holmdel）协助校准一台喇叭状的大型无线电天线，它的用途是接收从巨大的气球状回声1号（Echo 1）卫星反射回来的无线电信号。当时，轨道卫星技术的革命刚刚开始，斯普特尼克1号在六年半以前才刚刚发射。他们要做的就是根据外层空间的静默背景进行校准，是非常基础的工作。但是，他们发现了一种无法消除的嗡嗡声。

他们转动定向天线，奇怪的嗡嗡声依然存在。太阳下山，天空中繁星点点，嗡嗡声也不停歇，和之前一样响亮。电视台在午夜停止播放节目后，嗡嗡声还在继续。自始至终它都保持着完全相同的音量。

他们身边的科学家说不清这是怎么回事。这也许是热辐射造成的——他们在天线的金属缝隙中发现了鸽子窝。灭虫员仁慈地把鸟儿们转移到了160千米外的地方放生了。虽然这些鸟——没错，同样的鸟——最后又飞了回来，但是鸟被赶走后嗡嗡声还在，这对它一点影响也没有。

这两人还不知道，就在60千米之外，在同样位于新泽西州的普林斯顿大学，理论物理学家们正等着盼着从空中接收到这种微波噪声。但是，他们没有意识到，某个射电望远镜可能已经探测到了它！

这就是发生在1964年春天的故事。两位物理学家发现了来自大爆炸的嗡嗡声，却不知道它是什么。而附近的一群人知道这样的嗡嗡声应该存在，却怎么也找不到它。

接着，惊人的巧合发生了。在一次航空旅行中，阿诺·彭齐亚斯恰好坐在伯纳德·伯克（Bernard Burke）的身边，伯克是华盛顿地磁部门的射电天文学家，碰巧知道普林斯顿的那项理论研究。听到彭齐亚斯描述那种难以捉摸的嗡嗡声后，伯克催促他给普林斯顿大学的鲍勃·迪克（Bob Dicke）打电话。

彭齐亚斯照做了。迪克接完电话后对同事说："伙计们，咱们被别人抢先了一步！"

于是，威尔逊和彭齐亚斯就成了这古老之光的发现者，这种光在宇宙诞生后不久就充满了整个空间。这件事就像有人在旧夹克的口袋里发现了一张百元大钞一样令人惊喜。这不需要动用任何天赋。但是，这一发现本身极其重要，所以他们两人共同获得了1978年的诺贝尔物理学奖。可以说，这是历史上最好拿的一次诺贝尔奖。（也许该得奖的是伯克！）

这个里程碑式的发现让大爆炸理论站稳了脚跟。它强有力地证明了，在大约138亿年前，宇宙源于一个比棒球还小的球体。

下面说说宇宙诞生的过程。由于某种未知的、神秘的原因，在看似虚无一片的世界中，宇宙出现在了一个极小的区域里，然后飞快地膨胀起来——比光速还快。这样的膨胀只持续了不到1秒，宇宙就开始以自己的趋势向外平稳地扩展。周围的环境热得无法想象，一切事物都是纯能量。1秒后，第一个亚原子粒子（中微子）在这个能量矩阵中形成了，几分钟后，其他粒子也出现了。与此同时，整个宇宙的规模爆炸式增长。在接下来的37.7万年里，所有形式的光，无论是可见的还是不可见的，都无法穿过这混浊的雾状粒子"汤"，因为它会立即将它们吸收并重新发射。但是，就在大爆炸发生37.7万年后——这是一个重要的时刻，或许值得好好庆祝一下——突然之间，环境温度降了下来，质子能够捕获电子了。于是，到处都有中性氢原子形成。直到这时，太空才终于变得透明起来。

粒子雾消散了。无处不在的耀眼之光可以尽情地在宇宙中穿梭。我们探测到的宇宙微波背景辐射就是这种光。

如果宇宙不膨胀的话，那么宇宙微波背景辐射就会格外刺眼。事实上，它将会异常强烈，具有足以消灭一切的能量，可以阻止行星形成，消灭各种生命。

但是，由于宇宙空间在不断地扩大，其中所有的能量波都在不断地被拉长。我们已经知道，波长越长，能量就越低。

当宇宙只有当前年龄的一半时，它的温度是现在的两倍。那时的宇宙微波背景辐射也是不可见的，但它包含了波长更短、频率更高、更强大的能量。尽管它不是 γ 射线和X射线最早的致命混合体，但是也与今天人们检测到的微波完全不同。当时的宇宙背景辐射应该属于红外线的范畴。

如今，这些辐射被进一步拉长了，所以现在它们是微弱的微波。要想精确测量宇宙微波背景辐射，你必须到地球大气层以外去，因为大气层会吸收这种辐射。人们最先使用的测量工具是宇宙背景探测器（Cosmic Background Explorer，COBE），然后是灵敏度更高的微波测量卫星——威尔金森微波各向异性探测器（Wilkinson Microwave Anisotropy Probe，WMAP），它于2010年停止运行。这样的测量对于人们了解宇宙的演化过程至关重要。

测量结果表明，宇宙微波背景辐射具有平滑的“黑体辐射谱”，即物体均匀散热时所发出的辐射光谱。它还残留有2.725 48开（相当于－270.42摄氏度）的热辐射。

这种辐射的峰值发射频率为160.2吉赫，位于频谱中的微波范围。它的波长为1.871毫米，大约相当于苹果种子的宽度。

它在各个方向都非常均匀。如果能量来自超过光速膨胀的大爆炸，那么这种各向同性（平滑）正是我们应该观察到的。但是，这种平滑并不完美。有趣的是，如果将天空划分为许许多多的小块，那么我们可能会发现相邻的两块之间有八万分之一左右的微小能量差。天空中各个部分之间的各向异性根据检测区域的大小而变化，但是总体不明显。最简单也最符合逻辑的解释是，在宇宙形成早期，那些比较特别的区域是一团团能量，它们后来构成了物质，最终形成了结构体系，成了今天的恒星和星系。

这些微波证实了大爆炸理论的合理性，使稳态理论变成了不经之语。当然，我们现在还不知道为什么会有宇宙大爆炸，也没能精确或者较为精确地描述这个过程。从虚无之中蹦出一个宇宙，这种事既找不到任何先例，也无迹可寻。因此，无处不在的背景辐射为神秘的宇宙起源提供了一定的思路，同时也抛出一个同样巨大的谜团，令我们啧啧称奇。

第21章　脑电波

说到看不见的能量，在人脑之间传播的能量是一个热门的话题，即使这会令我们暂时偏离主流科学，我们也很难忽略这一点。

大多数人都认为大脑也能发出电波。许多人猜测，既然人们可以在某种程度上传递思想，那么也许存在一种类似超感官知觉的东西。好吧，首先我们要搞清楚的问题是：大脑到底会不会发出电波？

从某种程度上讲，会。如果给大脑加上电极，我们就会测到有规律的脉冲或者波动，它们还会以多种方式变化。更神奇的是，这些波动可以对应大脑的活动。

和电磁波一样，脑电波也有多种频率。它们已经有了类别和名称。与前面介绍的很多电磁波不同，脑电波的频率相当舒缓。神经元以每秒几十次到上百次的节奏放电并同步波动。

常见的脑电波有以下几种。

· β 波（13 ~ 38赫兹）：大脑处于活跃状态时，即在解决问题或者交谈等过程中产生的脑电波。

· γ 波（39 ~ 100赫兹）：同样在大脑活跃时产生。

· α 波（8 ~ 13赫兹）：可以在大脑放松期间观察到的脑电波。

· δ 波（非常慢，每秒少于4次）：睡眠时产生的脑电波。

· θ 波（4 ~ 7赫兹）：与睡眠有关的脑电波，在非常放松或者冥想时也可以观察到。

无论如何，这些波的能量都非常微弱。地球的磁场能够转动小小的指南针，而脑电波的强度只是地球磁场的十亿分之一。

但是，“脑电波”这种叫法很容易让人们误以为大脑是一种无线电发射设备。事实上，人的脑电波并不是真正的电磁波，不会像红外线和微波那样将信号从一个地方传输到另一个地方。它们是电场中的变化，是大脑电作用下产生的波动或者韵律，与精神活动关系密切。我们给大脑加上电极就可以测到电场，所谓的“波”，只不过是对大脑产生的微弱电脉冲的一种描述。但是，从来没有人监测到这种“波”从一个人的大脑传递到另一个人的大脑。事实上，任何物质都无法从大脑内部传输到它以外的某个点。

在头骨顶部进行测量时，人们发现，其下方2.5厘米或者更深处的神经元放电引起的皮肤电场变化是非常微小的。我们可以把脑电波看成是电场力做功（比如，移动一个带电粒子）的结果，而不是向空间辐射的力。然而，当研究人员在有金属包层的房间里工作，并使用特殊的头盔和信号增强技术（例如，将传感器冷却至绝对零度附近）时，虽然外界所有电磁信号都已经被屏蔽，但是几厘米之外的传感器上却仍然出现了电干扰的可见波形。这里我要重申，它们是电，不是电磁波。

谈论看不见的大脑能量时，我们很容易陷入骗局和新纪元[1]的猜想之中。实际上，在超感官知觉和意识转移的研究之路上，人类已经探索了几十年，然而结果不乐观，一直令人失望。有些实验是知名大学发起的，而还有一些则匪夷所思。其中最著名的要数1971年宇航员埃德加·米切尔（Edgar Mitchell）在阿波罗14号任务中的一次尝试。

---

[1] 新纪元运动（New Age Movement）是一种去中心化的社会现象，源于1970 ~ 1980年西方的社会与宗教运动，所涉及的层面极广，涵盖了灵性、神秘学、替代疗法，并吸收世界各个宗教的元素以及环境保护主义。——译者

米切尔于2016年去世，享年85岁，他曾在未得到指挥中心任何人授权的情况下，做了一个非常奇怪的实验。他在执行太空任务的“闲暇”里，利用一套共25张印有齐纳符号（圆圈、十字、波浪线、正方形和五芒星[1]）的纸牌，与在地球提前安排好的4名受试者一起，寻找超感官知觉。他想通过这个方法，弄清楚地球和其他天体之间能否传递心灵感应。那么结果如何呢？这要看你问谁了。

在这个实验中，受试者需要按顺序选出米切尔正在观察的卡片。即便按照概率，200次尝试中也应该有40次偶然猜中的可能，然而4名受试者中有3位的得分还不到40，只有最后一位得分最高，200次中猜对了51次。客观严谨的科学家只会把这样的实验数据当作是一个随机结果，这不足以证明超感官知觉的存在。而且实际上，火箭发射推迟了40分钟，也就是说，原本和米切尔说好在任务期间的特定时间进行超感官知觉传输的这4名受试者，在没有获知延时的情况下，仍然在错误的时间里尝试“接收”米切尔的想法，而那个时候他本人甚至还没有“发送”自己的意识。

但是，这件事似乎并没有令米切尔感到窘迫，在结束阿波罗任务之后，他把大部分时间投入了精神研究。在分析报告中，他将自己的超感官知觉实验结果描述为“统计上极为显著”。事实上，他最后解释道：“实验室里常见的做法会使用带有5个齐纳符号的卡片，但是有没有卡片并不重要。对我来说，使用随机数字表比携带实物卡片更简单。我只需要用数字1 ~ 5生成4张由25个随机数字组成的表格，然后，给每个数字随机分配一个齐纳符号。每一次心电传输，我都会检查特定的随机数字表，并花15秒钟思考对应的符号。每一次传输大约需要6分钟。”不管怎样，米切尔隐瞒了整个项目，没有让NASA和他的同事知道。后来他解释称，NASA对这类精神研究的态度“完全是消极的、封闭

---

[1] 这些符号得名于20世纪美国心理学家卡尔·齐纳（Karl Zener），他在涉及感知的实验中使用过它们。

的”——这一评价恰在人们意料之中。

科学实验没有支持超感官知觉理论，但可以给那些看似真实的超感官知觉现象一个很好的解释。下面我们举个例子。

假设你正在想一位特别的老朋友，这时电话铃响了，恰好就是你刚才在想的那个人打来的。你可能以为发生了心灵感应，并且马上告诉了她（“你真了解我啊！”）。这类不同寻常的巧合总会令我们印象深刻，毕竟这太出人意料了。但是，又有多少次当我们漫不经心地想到了某些人的时候，他们却没有打来电话？这种无关紧要的事我们根本就想不起来，更别提记住它们了。因此，这只是选择性偏差的结果，也就是说，我们只会记得那些看似发生了超感官知觉的事情。

对于大多数人在生活中体验过的超感官知觉，选择性偏差可以做出合理的解释，并且难以反驳。然而，根据盖洛普（Gallup）的调查数据，50% ~ 60%的受访者认为“确实有人拥有超能力或者超感官知觉”。这该如何解释呢？这仅仅是因为人们容易上当受骗吗？就算把那些一直以来愚昧无知的顽固反科学少数派[1]排除在外，我们中仍然有很大一部分人相信读心术是真实存在的。

事实上，尽管新纪元运动中所有精神方面的谬论都遭到了彻底否定，但是人与人意识的相互作用仍然有可能存在。或许人类之间的联系比我们所了解的更深入：大脑的神秘作用所具有的联系能力也许会超越今天人们已知的模式。至少对于我来说，下面这几个例子让我很难完全排除这种可能性。

第一个例子是这样的，有一次我和朋友玩拼字游戏，在等她完成那轮拼字的时候，漫不经心地盯着图板的我，脑海中突然出现了清晰的一幕：她垂下手，把字母I放在了图板上已有的字母T前面，拼出了一个两分的词。

---

[1] 2001年，参与美国国家科学基金会（National Science Foundation）调查的30%的受访者认为，“媒体报道中的某些不明飞行物的确是来自其他文明的太空飞船”。

尽管怎么想都觉得不太可能，然而几秒钟后，她拼出的确实是这个词。（玩拼字游戏的人，怎么会为了区区两分而浪费一轮机会？）我吓了一跳，问她是不是在行动前几秒就在脑袋里想好了，她说是的。所以很明显，在她思考的同时，我在脑海中看到了这个结果。两个独立的个体在同一时间提前感知一件少见的事，这不像是选择性偏差造成的。

下面是第二个例子。我有两个好朋友是同卵双胞胎，他们都非常喜欢音乐和唱歌，分别加入了各自学院的合唱团。他们都坚持说，无论什么时候，只要其中一人的脑海里响起某首歌，那么另一个人就会突然开口唱起来，而且就连起始位置和调门都是一模一样的！

还有一个同卵双胞胎的姐姐跟我讲过她和妹妹的趣事："17岁那年，我妹妹在墨西哥住了6个月，与此同时我在法国南部。回家之后我们发现，我俩都把卡通电影《美国鼠谭》（*An American Tail*）中那首《美国没有猫》（*There Are No Cats in America*）翻译成了当地的语言，后面几个月一直清晰地记在脑海里。"

的确很难说这些都是巧合。显然，我们必须找到令人满意的答案来解释这种奇怪的同步现象。

好吧，我知道你在想什么。他们是同卵双胞胎，他们可能在某些方面和其他人不一样。尽管如此，我还是要请持怀疑态度的读者原谅我，我不能完全排除超感官知觉存在的可能性。不论怎样，如果它真实存在，那么它可能关乎某种脑电波。赫兹在观察间隙中的电火花时，发现了无线电波，或许超感官知觉也通过类似的方式来产生效果。

几十年来，一直有很多人坚信超感官知觉是存在的。根据2002年哥伦比亚广播公司的新闻调查，57%的美国人都相信这个世界上有超感官知觉或者心灵感应。尽管如此，只有少数人表示他们确实亲身体验过这些。有趣的人口统计差异也逐渐显露出来。65岁以上的美国人对超感官知觉、心灵感应等类似经历最为怀疑；其中，32% ~ 47%的人根本不相信这些。但是，在65岁以下的群体中，31% ~ 67%的人认为人们有时候能够感知他人的想法。尤其有趣的是，接受过高等教育的人似乎更相信超感官知觉。

除了关于微波的部分之外，这也许是本书中唯一一个不需要关注不可见伤害的章节。在谈到大脑中看不见的能量时，我们至少不用担心它会引起健康问题。

第22章　射线枪

手持光剑和太空船上装备的致死光束一直是科幻作品中的常见武器。如果缺少了像激光炮和牵引光束之类的定向能量武器，《星球大战》（*Star Wars*）和《星际迷航》（*Star Trek*）这类电影又怎么能堪称完美呢？

将能量射线用于战争这样的想法可能源自古希腊人。据说在与罗马人的一场激烈战斗中，他们利用抛物面反射镜点燃了入侵的船只。因此，在介绍射线枪以及其他不可见光武器（其中有一些是真实存在的）之前，我们要先从想出这个办法的人——阿基米德（Archimedes）——说起。公元前212年，他想出了集中能量燃烧敌舰的防御性策略。

大多数人都听说过这个故事：阿基米德通过聚焦阳光，点燃了袭击家乡锡拉库萨（Syracuse）的罗马船只。但是直到今天，人们对于他当时的具体操作还存在争议。这位杰出的希腊发明家到底是只用了一面巨大的凹面镜，还是部署了一个战斗小队的人马，同时挥舞数百面镜子？

也许你以为历史学家和研究人员早就弄清楚了这个问题，史书上肯定有相关记载，现代人也可以用实验还原当时的情景，美国电视节目《流言终结者》（*MythBusters*）就曾两次验证了这一问题，最近的一次是在2011年。

遗憾的是，现存的关于这一段历史的最早记录来自战斗结束后1400年，和事情发生的时间间隔实在太长了。12世纪的拜占庭学者乔安尼丝·佐纳拉斯（Joannes Zonaras）和约翰·泰泽（John Tzetzes）阐释了卡西乌斯·狄奥（Cassius Dio）在公元3世纪出版的《罗马历史》（*Roman History*）的部分内容。以下是描写锡拉库萨包围战的段落节选：

（罗马将军）马塞勒斯（Marcellus）下令发射船上的弓箭。老人（阿基米德）建造了一种六角形的镜子。他通过铰链和金属板放置了同样的小镜子，让它们与这面大镜子保持适当的距离。中午时分，他把这套装置放在阳光下……（接着）船上燃起炽热的火焰，隔着弓箭的射程，敌船最终烧成了灰烬。

这一段的原典只留下了一些片段。因此，在科技发达的现代，验证这一神奇事件最合乎逻辑的方法就是构造出阿基米德的那种镜子，再看看它是否真的有效。

阿基米德的方法看起来是合理的。大多数人小时候都用放大镜聚集阳光，在纸上烧出过窟窿。我们发现，不同颜色的纸产生的效果差异也很大。阳光聚焦在白纸上好一会儿都没有反应，最后才会冒起烟雾，那小小的光点始终亮得刺眼。相比之下，黑纸很快就着火了。因此，从一开始我们就发现了阿基米德面临的一个困难：罗马人可不会顺应他的心意，使用有利于吸收镜面反射热量的深色船帆。

当然，他也可以用凹面镜而不是透镜来聚焦阳光（以及我们很快就会提到的不可见光）。事实上，使用凹面镜引火要容易得多。持有望远镜旧镜片的发烧友都知道，这种镜片即使只有15厘米宽，也能在几秒钟内点起火来。镜面与着火点之间的距离长短取决于它的焦距。一般望远镜镜片的焦距只有一两米远，但是如果能制造出焦距几百米的镜片的话，就可以轻松实现阿基米德想要的结果。

目前，我们已经有了利用镜面会聚阳光来发电的技术。在加利福尼亚州巴斯托（Barstow）附近的莫哈维（Mojave）沙漠，由2000块镜面组成的巨大太阳能电池组能够旋转并追踪太阳的位置，将阳光聚焦在一座高塔上，那里的熔盐会吸收热量，然后传输给下方锅炉，由此产生的蒸汽可以带动发电机产生10兆瓦的电。这样巨大的电池阵列几乎可以瞬间点燃木头或者船帆。

阿基米德所面临的困境是，每个镜面的焦距都是固定的，他怎样才能准确地知道罗马船只离自己有多远呢？如果误判了距离，聚集的光就会发散开来，无法达到点燃船帆的温度（大约260摄氏度）。更重要的是，完成这项任务需要一面巨大的镜子，至少得3米宽。除此之外，阿基米德那个时代的金属镜面最多只能反射大约65%的光，而如今“镀银”镜面的反射率高达90%。换算起来，他需要三面镜子才能达到两个现代镜面就能达到的效果。

从实际情况考虑，如果阿基米德没有试图猜测船只距离，设计巨大的镜面，而是调配大量士兵，让他们每人手持一个平面镜，那么成功的概率可能最高。士兵们可以站成一条弧线，用镜面摆成大致的抛物面；也可以随便站在自己喜欢的位置，统一用镜面对准敌舰上同一个地方。

1973年，希腊科学家伊安尼斯·萨卡斯（Ioannis Sakkas）对这一想法进行了实践。他让60名希腊水手每人持一面0.9米×1.5米的镜子，将阳光会聚在49米外的一艘木船上。据说，他“很快”就成功地点起了火。

但是，先别急着下结论。2009年，麻省理工学院的一个班尝试用127块0.3米×0.3米的镜子再现阿基米德的壮举。他们花了10分钟点燃了一大块红橡木（船的材料），实际用上的镜子总面积只有1973年实验的1/7。后来，麻省理工学院的另一项实验使用了一艘真正的旧船，得到了类似的结果。但是，对于一场激烈的战斗而言，10分钟是极其漫长的，更不要说船刚刚起火，水手们马上就会拿着水桶浇灭它。

2010年，《流言终结者》尝试在一期节目中解决这个问题，他们让参加活动的中学生志愿者举着500面镜子做实验，结果令人沮丧。实验一开始他们将阳光聚焦在整艘船最容易被引燃的部位——船帆。但1小时之后，光束温度最高只达到了230摄氏度左右。这个温度虽然能把水烧开，但是不足以点燃船帆。

更加令人失望的是，与阿基米德同时代的作家们——包括著名的普鲁塔克（Plutarch）在内——虽然详细描述了阿基米德的各种新发明，却从来没有提到过“用镜子烧船”。几个世纪后的一些作家倒是说起过阿基米德放火烧了罗马船只，却绝口不提那些镜子具体是怎么用的，而这原本是故事中最精彩也是最值得着墨的情节。大多数分析者认为，阿基米德用了别的办法放火（例如，他可能用到了石油）。（最终他的计划失败了。在随后的战斗中，他被敌人抓住，尽管上面有令可以饶他一命，但他还是死在了一名罗马士兵的手里。）

虽然点火烧船并非无法实现，但是人们普遍认为，这个故事很可能是杜撰的。尽管如此，它仍然促使人们对能量聚集型武器不断产生遐想。

1898年，H.G.威尔斯（H. G. Wells）在畅销小说《星际战争》（*The War of the Worlds*）中引入了一种火星人侵略地球时用的武器——热射线。在这之前几十年，赫歇尔的“热射线”已经被赋予了新的名字——“红外线”。但是，“热射线”听起来更有震慑力。1953年，约翰·W.坎贝尔（John W. Campbell）的畅销科幻作品《黑星坠落》（*The Black Star Passes*）首次提到了一种叫作射线枪的东西。不过，能够发射“破坏射线”和“歼灭光束”的武器在20世纪30年代的作品中就已经出现，还成为巴克·罗杰斯（Buck Rogers）故事中的标配装备。在1951年的电影《地球停转之日》（*The Day the Earth Stood Still*）中，有一种只能分解无生命物体的破坏性射线，这种设定也太仁慈了，无论是在现实中还是在科幻作品中都相当少见。“分解光束”的作用原理是，它以某种方式消除了原子内部将亚原子粒子结合在一起的力，于是物质以电离的形式四分五裂。事实上，要使原子分裂，武器还必须具有破坏原子核的强大力量——然而，科幻作家貌似不会在这些细节上面多花心思。

就在作家和制片人想象这种定向能量武器的时候，真正能够实现它们的技术其实已经近在咫尺了。1957年，哥伦比亚大学的研究生戈登·古尔德（Gordon Gould）想出了一种让光子齐头并进的方法，这是爱因斯坦半个世纪前预言的一种现象。他为它起了一个名字：激光（LASER），即受激辐射光放大（Light Amplification by Stimulated Emission of Radiation）。激光器可以轻松地生成和集中高度一致的可见光或者不可见光。当时，贝尔实验室也在想方设法使光的波峰和波谷脉冲达到某种一致。1960年，他们制造出了第一台激光器，随后激光器的专利之争持续了17年。现在，历史学家们仍然在争论到底谁是激光器的发明者。

当时没有人猜到这项发明会飞快地进入人们的日常生活，变得无处不在。它改变了我们的方方面面，从采购商品到欣赏音乐。也没有人想到，它的价格会在短时间内变得如此低廉。短短14年内，商品统一代码诞生了。这种间隔不等的黑色条形码能将反射的激光转换为开关信号，生成一个12位的数字代码，由计算机读取。美国国家收银机公司（National Cash Register Company）给俄亥俄州特洛伊（Troy）的马什超市（Marsh Supermarket）安装了一个条形码的试用系统，这家超市就在生产相关设备的工厂附近。1974年6月26日上午8点01分，顾客克莱德·道森（Clyde Dawson）从购物筐中取出10个一包的箭牌果味口香糖，收银员莎伦·布坎南（Sharon Buchanan）扫描了这件商品。这是商品统一代码在商业领域的首次应用。目前，这包口香糖和购物收据都陈列在华盛顿的史密森学会（Smithsonian Institution）。

超市使用的激光和CD机中的一样，功率都只有5毫瓦左右，这是手持激光设备（例如，演示投影笔）的法定标准值。DVD播放器中的激光有10毫瓦，而DVD刻录机则需要100毫瓦的激光。它们的工作原理是这样的：激光照射在旋转的光盘上，上面一些很小的平坦区域（称为“平面”）会反射激光，而较深的“凹洞”则不会反射，这样就产生了一系列激光脉冲，通过计算机的内置芯片，它们被转换成数字信息的代码，进而再被转换为图像和声音。此外，外科手术也会用到激光，不过不是为了生成编码信息，而是因为人们看中了激光高度集中能量的功能。激光手术刀的功率从3万～10万毫瓦不等，也就是说，激光用30～100瓦的功率就可以毫不费力地切开皮肉。

激光笔和玩具上的5毫瓦红色激光器是最便宜的，一个只要几美元。但是，它们都无法在夜晚产生可见光束。这是因为它们发射出来的光不能照亮空气中的尘埃或者小水滴，从而将光线反射进人们的眼里。

要想产生可见的光束，我们需要使用绿色激光器，或者较新的蓝色、紫色激光器，空气中的微粒（例如，花粉和灰尘）能反射它们发出的光。因为绿色是所有颜色中最容易被感知的，所以它也是唯一可以在激光器5毫瓦功率限制下产生可见光束的颜色。（5毫瓦是美国政府批准的手持激光设备的最大输出值。然而截至2017年，网上仍然可以买到功率更高的激光设备。）但是，在月光明亮的时候，或者在光污染严重的城市里，如果想获得最好的可见激光束效果，你需要使用30毫瓦甚至功率更高的绿色激光器。这样的激光器在专业网站上就可以购买，很多都产自中国。但是，即便是5毫瓦激光器对准眼睛照射也是危险的。激光束非常集中，不到1秒钟就会对眼睛产生伤害。

2007年以来，越来越多的年轻人开始购买20毫瓦、50毫瓦，甚至100毫瓦的超级增强型激光器，它们都是天文观测时指星的绝佳工具。电影《星球大战》让光剑对战流行起来，一些公司（例如Wicked Lasers）生产出了能量更强的激光器，还给它们取了像斯派德（Spyder）和氪星（Krypton）这样深受青少年喜爱的名字。我试过其中的几种。有一种型号的功率是1000毫瓦——相当于整整1瓦！用它对准一个深色气球，气球几乎立即就会爆炸。这类激光经过玻璃或者铬的表面反射回来是非常危险的，人眼不能直视。这些手持激光器的网上售价在300美元左右。

有些人在夜间不计后果地用激光器照向经过的飞机，驾驶舱内的飞行员会因此突然丧失行动能力——他们会在几秒钟之内完全失明。有时，由此产生的头痛和眩晕会持续数小时，飞行员甚至无法继续驾驶飞机。目前，虽然还不曾有人因此永久失明，但是随着激光器的功率越来越高，发生更糟糕的情况可能只是时间问题。

2012年，奥巴马总统立法规定，用激光器照射飞机将被判入狱5年。之后不久，一名加利福尼亚的男子用激光反复照射直升机，于是他为自己的“任性”付出了代价，最终被判处14年监禁。

扫描条形码和挥舞光剑都不错。但是，现实中真正的定向能量武器又发展到什么程度了呢？它们已经从科幻作品走进了现实世界。美国军方一直在利用光谱中不可见的部分研制超强的激光武器。

在第二次世界大战期间，英国科学家试图聚焦微波（当时已经成功地应用于雷达，后来又被用于微波炉）以制造出一种死亡射线枪，但是一直没有成功。

2006年，彼得·沃茨（Peter Watts）的科幻小说《盲视》（*Blindsight*）中提到了一种微波光束武器，其中还夹带着人们对微波炉的普遍误解：微波是由内而外加热肉的。然而，美国军方的确开发和部署了真正的微波武器。其中，美国陆军研制的武器在类似吉普车的交通工具上安装抛物面天线，用来对准目标产生热量，但是在实践中，这根本没什么效果。有时，目标只是感到温度升高而已。许多造价高昂却研制失败的激光反弹道导弹系统都进入了大众的视野，但是更加实在的系统其实已经实现了。

2014年，美国海军舰艇部署了激光武器系统（LaWS）。这种在舰艇上使用的防御系统使用的是30 000瓦红外线激光器固态阵列，它成功击落并摧毁了来袭的测试目标。它还能让靠近的小船引擎失灵。

即使是能够熔穿金属物体的最强激光器，也会受到大气层散射的影响。此外，它们还很难追踪快速移动的目标（例如导弹），将其精确地锁定在视野范围内。尽管如此，目前已有报道称，美军卡车上安装的高能激光炮可以击落飞机。

据说，最新式的激光器利用强磁场来提高电子速度，然后电子再将能量传递给激光器发出的光子束。直到2016年，这类武器的体积仍然过于庞大，无法手持或者装备在卡车上，但是相关的研究和开发仍然在继续。

既然我们已经了解不可见光束武器的进展，我们就可以轻松应对那些自以为世界上存在射线枪的人了。网络上一些偏执的人认为，世贸中心大楼倒塌时产生的烟雾和灰尘是铁证，说明它们是被美国军方的秘密射线枪所摧毁的。当一位受过教育的朋友亲口告诉我这些的时候，我大惑不解。

我问这位朋友："那么这种射线枪利用的是电磁波谱中哪一段的波呢？"能量射线是由电磁波组成的。能将能量人为聚集起来的装置不多，除了制造声波的装置，也只有电磁波发生装置了。反正把整个电磁波谱考虑一遍也花不了多久，那我们就挨个儿来看一看：首先，这种武器用的肯定不是γ射线或者X射线，因为它们破坏不了混凝土和金属；同理，紫外线也可以排除了；那也不可能是可见光，可见光原本就人畜无害，况且在大楼倒塌之前，也没有人观察到突如其来的亮光。

那也不太可能是无线电波和微波，因为无论它们的强度有多高，都不能破坏混凝土。思来想去也就只剩下红外线了。从理论上讲，无限大功率的聚焦红外线确实可以熔化钢材。但是，受到这种射线照射的任何建筑物在熔化之前，首先会发出红光，接着是白光。它所散发出的热量足以烧焦附近街道上的所有行人。重要的是，任何不可见电磁波武器让建筑物坍塌形成烟雾和尘埃的时候，都不可能不产生任何热量。

目前，射线枪的概念仍然只能活跃在科幻作品中。但是，对不可见光的了解有助于我们认识不可见光束的本质，还有正在开发中的相关武器。到目前为止，现实中的定向能武器并没有听上去那么可怕。

顺便说一句：在被任何类型的光束武器攻击时，无论你遇到的是可见光（"光子鱼雷"）还是不可见光（"微波大炮"），你都不会看到光束靠近自己。所以，对于电影中那些英雄驾驶宇宙飞船穿梭回避来袭的光子鱼雷什么的桥段，不要太当真。你无法提前注意到发射过来的光束。在它们接触到你的飞船之前，你是看不见光束或者什么光子鱼雷的，那可是一种武器。下次再看《星球大战》的时候，可别忘了这一点。

第23章　下一个前沿：零点能和暗能量

我们想要探索遍布宇宙、地球和人体的不可见能量。这里提到的“能量”指的是电磁波谱上的波。但是自1948年以来，科学界逐渐意识到一个出乎意料的事实：某些超级能量潜藏在各处，它们的威力之强，很可能使其他所有能量都相形见绌。

啊，过去是多么美好单纯啊，那会儿虚无还意味着“什么都没有”。

那样的日子一去不复返了。现在我们有理由相信，宇宙广阔的虚无之地充满无法想象的力量。

从某种程度上讲，这一切始于痛恨虚无概念的古希腊人。出于对逻辑的喜爱，他们在语义上发现了值得争论的点。他们认为，既然“存在”和“虚无”两个词互相矛盾，那么“虚无”又怎么会存在呢？如果虚无真的代表什么都没有，那么就不可能有“没有”。

20世纪60年代，我开始在大学学物理时，不由得感叹古希腊人的愚蠢。什么都没有的“虚无”是可以创造出来的，只要抽出钟形罩里所有的空气，连最后一个分子也不留就可以了。虽然实验室制造的真空环境仍然会残留一些分子，并不是完美的虚无状态，但是那又怎么样呢？这并不重要，虚无是真实存在的，这一基本前提似乎仍然合理。

但事实证明，古希腊人才是对的。首先，无论多么完美的真空环境都无法彻底隔绝以波的形式穿行的能量。因为能量和质量从本质上来讲是一回事，所以这些波就使得你不可能拥有真正意义上的“没有”。

但是，和沃纳·海森堡（Werner Heisenberg）的不确定性原理相比，这些都是微不足道的。很快，其他理论家也赞同他的想法，进而认为宇宙的真空环境中应该充满了一种奇异的量子能量。

他们说得也没错。许多实验显示，虚粒子（比如电子－正电子对，后者是电子的反物质，也就是带正电荷的电子）会不断地在虚无中断裂、迸发和飞出。通常，这样的粒子只能存在一小会儿，瞬间就会消失。如果周围存在能量场的话，那么亚原子粒子就可以从中获取能量，再多挺一会儿。因此，物质永远都是从量子真空中产生的。

现在，大多数物理学家认为，这种潜在的“量子泡沫”遍布宇宙。它无处不在，其蕴含的能量令人无法想象。说到看似虚无的空间，对于每个单位到底蕴含多少能量，不同人的估算存在很大的差异。但是，在接近真空的太空中，宇航员手里的空咖啡杯中所包含的能量，很有可能足以瞬间蒸发掉地球上所有的海洋。

等等，你可能在想，我可没那么好糊弄，证明给我看看。

好啊。我们来想一想卡西米尔效应。它得名于1948年首次预言出这一效应的荷兰物理学家。他说，如果将两块铜板彼此非常靠近（相隔约25.4纳米）地悬挂起来，那么它们之间的量子能量就会受到限制：能量波没有足够的空间可以通过。然而，两块板之外的量子能量一如既往地强，会有力地将它们推到一起。没错，事实正是如此。卡西米尔效应是真实存在的。

于是，有些人幻想利用“真空能”为世界提供无穷无尽的能量。但是这里有一个问题。我们之所以察觉不到这种能量的存在，是因为它在任何地方都是均匀分布的。能量只会从较高的一方流向较低的一方。那么，我们该如何创造出比周围能量都低的区域呢？怎么样才能让能量都聚集到我们身旁呢？

唯一的办法就是将物质冷却到绝对零度，也就是－273.15摄氏度。在这一温度下，所有分子都会停止运动。只有在这一条件下，物质才能直面这种无处不在的能量，所以它也被称为零点能。此时，这种隐藏的能量才会浮出水面——氦元素里肯定藏着特殊的能量，要不然为什么它在绝对零度还能保持液态，而没有冻结成固体？

简而言之，当其他所有能量都不存在的时候，零点能就会显露出来。

但是，要想让无限的量子能量流向我们，我们必须以某种方式创造出低于绝对零度的条件，让分子的运动比“停止”还要慢。

比停止还要慢？那应该怎么做呢？

你有什么想法吗？大家都愿意洗耳恭听。

看似空荡荡的空间不仅充满了看不见的粒子（例如中微子）、磁场、电场、微波能量、红外线等，也充满了无法想象的能量。我们目前对零点能的认识还处于初级阶段，所以无法断言它能为人类做些什么。对于这个问题，你可以想象这样一种类比：我们只看到了表面上一层无关紧要的稀薄泡沫，而在它的覆盖之下则是生动的三维世界。

我们看不到也感觉不到周围的不可见能量，因为这种感知能力并不会给我们带来生物学上的优势。我们为什么要去感知无处不在、分布均匀而又极其强大的能量呢？也许，穿越到100年之后，我们会发现自己就像18世纪不肯尝试利用电能的科学家一样愚昧，我们中的很多人可能小看了零点能在技术领域的应用。

尽管如此，零点能仍然被划分为“最强大的实体”。当然，随着科技的发展和人们认识的提高，我们肯定不会永远怠慢真空能量。

除了零点能，宇宙中还有其他神秘的新能量。20世纪30年代，人们提出了真空能量的概念，并从1948年开始逐渐找到了可靠的证据。而近期的进展揭开了另一种物质的真面目，我们称之为暗能量。直到1998年，它都不为人类所知晓，甚至没有人假设过它的存在。它是科学史上最意外的发现之一，不亚于赫歇尔偶然发现天王星。

要知道，自20世纪20年代后期起，我们就一直在观测膨胀的宇宙。似乎所有观察结果都表明，宇宙从138亿年前就开始爆炸式地膨胀，并且从那之后，它膨胀的速度一直在稳定地放缓。

宇宙膨胀减速是合情合理的。每个星系的引力都会拉住其他星系。从逻辑上讲，宇宙向外膨胀的速度也会不断下降，就好比橡皮筋不可能一直被人毫不费力地拉长。最大的问题在于，有一天它是否会停止膨胀。说不定到时候宇宙还会朝着反方向发展，开始聚拢缩小。弄清楚这一切是20世纪八九十年代科学追求的圣杯。每个人都在寻找减速参数，也就是宇宙膨胀减慢的确切数字。

测量星系的径向速度（退行速度）是最简单的办法，可以通过著名的多普勒红移来实现。但是，我们得先知道我们与星系的准确距离。20世纪90年代末，两组天文学家研究了一种特殊类型的超新星（Ia型），它们的亮度总是相同的。他们利用这些超新星作为“标准烛光”来确定数千个发光星系之间的距离。结果，最终的数据令所有人都目瞪口呆。事实证明，宇宙膨胀的速度根本没有减慢。待云开雾散，一个崭新的世界赫然出现在人们眼前。然而遗憾的是，它背后的故事我们还一知半解。

看起来，在宇宙的前半生里，它膨胀的速度确实减慢过。但是，在大约70亿年前，所有星团开始加速远离彼此。从那时起，膨胀变得更加活跃。这种令人费解的加速让人看不到尽头。

是什么使星团突然如此？难道，当宇宙只有现在年龄的一半时，它们同时启动了巨大的火箭推进器？当时到底发生了什么？

近乎绝望的物理学家创造了一个新名词——暗能量——来描述这样一种能量，它潜藏在虚无的空间里，弥漫整个宇宙，会对抗万有引力。据推测，在宇宙诞生早期，所有物质都挤在一起，它们之间的万有引力大于暗能量向外的推动力。但是，当宇宙变得足够空旷的时候，虚无空间的反引力特性就开始发挥作用了。从那时起，空间固有的排斥力克服了引力，成为宇宙中的主导力量，使得一切都像过度发酵的面包一样膨胀。

由此可知，暗能量充满了整个广阔的空间，它可能是大爆炸最初的推动力。如果真是这样的话，那么可以说，宇宙大爆炸还未结束。尽管如此，没有人能够说清楚暗能量到底是什么，我们只知道它和万有引力对着干。

对于那些总是喜欢杞人忧天的人来说，这种失控的膨胀看起来可能令人沮丧。它似乎预示着宇宙未来将充满孤独，星系之间的区域将更加难以逾越。当然，因为我们并不了解暗能量，甚至也不知道它的来源，所以对于它是否永久不变、是否有一天会自我逆转，我们都无法给出定论。

此外，虽然暗物质因大爆炸而引起人们的注意，但各种地方都有可能潜藏着少量的暗能量。不过到目前为止，我们只能这样推测。

可以这么说，除了一直以来熟知的不可见能量外，我们还认识了其他新近发现的、看不见的“幽灵”。它们的本来面目一定就隐藏在神秘文件的档案柜中，等待我们去找出答案。

第24章　日全食：离开阳光的日子

你亲眼见过日全食吗？我在演讲时经常会提这个问题，通常几百名观众中举手的只有几个人。有些人还会试探着回答："我觉得我见过。"这听起来就像女人说"我觉得我生过孩子"一样可笑。

这些人大概是看到过日偏食。这很常见，每隔几年世界各地就都能观测到一次。但是我敢说，如果见过真正的日全食（月亮正好从太阳和地球之间经过），你会永生难忘。

日全食令人激动的原因之一与不可见光有关。在"日全食发生的时刻"（太阳被完全遮挡住的几分钟内），来自太阳的可见光和不可见光会好像都消失了，观察者会体验到不同寻常的感觉。

亲身体验这种感觉的机会刚刚过去。美国终于结束了史上最长的日全食空白期。自1979年2月26日以来，美国大陆任何地方的人都没有机会观测到日全食。38年的空档于2017年8月21日结束，那一天从东海岸到西海岸，日全食会横扫整个大陆，这已经引发了媒体的热情。[1]

此次能观测到日全食的地区从太平洋西北部一直延伸到卡罗来纳海岸，是只有241千米宽的狭长带状区域。对于不在这些地方生活也无法前往观看的人来

[1] 本书原版出版于2017年。——编者

说，下一次日全食就要等到2024年4月8日。7年之内可以看到两次。

1979年日全食发生当天，受到多云天气的限制，在美国只有北部一些遥远的地区，如蒙大拿州的海伦娜（Helena），人们才能有幸观测到这一现象。好像是为了弥补这种难得一见，日全食在21世纪中期和后期出现的次数会增多。

地球上各个地方每隔375年会赶上一次日全食。如果赶上多云，那就只好再等上375年。所以日全食是罕见的。但是，这个时间间隔只不过是平均值。有些地方10年内可以观测到两次日全食。例如，2017年和2024年的两次日全食轨迹都会经过印第安纳州的卡本代尔（Carbondale）。然而，有些城市的居民（例如洛杉矶）要等上1000多年才能赶上下一次日全食。

除了南加州（1923年）和现在的纽约市（1924年）以外，美国其他繁华地区都没有出现过日全食。1925年10月，波士顿地区原本在日出时分可以观察到日全食，却不巧赶上了阴天。

日全食的轨迹（可以看到太阳被完全遮挡并且可以在白天看见星星的一系列地点）总是格外狭长。这条轨迹通常大约只有241千米宽，长度却可以绵延至数千千米。例如，20世纪20年代经过纽约的日全食从加拿大中部开始，向东南延伸到纽约州北部的奥尔巴尼（Albany），然后穿过布朗克斯（Bronx）和哈莱姆区（Harlem），最后在曼哈顿第86号街一家餐馆附近结束——后来这家餐馆的热狗和木瓜饮料还出了名。餐馆旁边一个地铁站以南的人们都站在阳光下：他们没有看到星星，没有发现令人眩晕的日冕，也没有觉察太阳边缘发出的火红耀斑。科学家派出志愿者前往每一条街道，以便获取月球阴影边缘变化的精确位置。第二天，报社的一位记者在目睹了太阳令人目眩的消失过程后，将日全食比喻为一只钻石戒指。从此以后，“钻石环”就成了描述日全食的专用语。

对于观察者来说，日全食有着不可言喻的影响。虽然经验丰富的天文学家承认，日全食在所有天体现象中几乎是最震撼、最华丽，甚至最让人毕生难忘的，但是他们同样认为，生动耀眼的北极光也没差到哪儿去。除此之外，四大天文奇观还包括罕见的明亮彗星和流星雨（每分钟有十几颗流星划过天空）。然而，日全食和北极光存在一个巨大而明显的区别。这两种现象常常令人情不自禁地赞叹或者吃惊地叫喊。你应该听说过，在观察这类视觉奇观时，人们会产生某种特殊的“感觉”。或许这与伴随两种现象的电磁辐射量的巨大变化有关。此外，月食，哪怕是月全食，都无法挤进四大天文奇观。因为它们实在是太普遍了，每隔几年就会出现一次，并且观察地点从不局限于某个狭小的范围，差不多半个世界的人都能看到。当然，月食同样非常漂亮，值得一看，但是并不会特别令人难以忘怀。

在日全食期间，动物们通常会变得很安静；有人会激动地尖叫落泪。太阳核心的火焰像间歇泉一样从最外层喷发出来。闪烁的暗线笼罩着大地。

在2017年和2024年的日食活动中，整个美国和加拿大地区都可以观察到日偏食，人们只要佩戴好防护眼镜就可以站在户外或者透过室内的窗户欣赏它（当然，前提是没有那么多云）。相比之下，只有不到1%的地区能够看到日全食。对于大多数人来说，日偏食和日全食应该同样动人心弦，而且前者观测起来还更方便一些。干吗非得专门大老远地跑去看日全食呢？太阳是被遮挡住了99.9%还是100%，听起来没有多大区别不是吗？事实上，经历一次不彻底的日全食并不比差一点坠入爱河，或者差一点游览了大峡谷强到哪里去。只有完整的日全食才能产生惊人而又独特的感官体验，这在我们的生活中、在地球上，乃至在宇宙已知的范围内都是独一无二的。

既然讨论日全食，我们就不应该忽略它背后的科学原理。日食的发生源自一个神奇的巧合：太阳的体积是月球的400倍，而它与地球的距离又是地月距离的400倍。这就使得从地球望去，天空中这两个“圆盘”看起来大小差不多。如果月亮看起来比太阳还要大，那么当它正好出现在太阳前面时，就会遮住太阳最外面一圈间歇喷发的火焰。因此，它们二者必须具有相同的视直径（看起来大小一致）才能达到日全食那样震撼的效果。事实上也的确如此。

更加巧妙的是，月球并非一开始就在现在的位置。它是不久前才到达这个“最佳区域”的。40亿年前，地球遭到一颗火星大小的天体撞击，白热化的气体和尘埃飞入太空，形成了月球，并一直在远离我们。月球以每年3.81厘米的速度旋转着远离地球，它现在与地球的距离正巧合适，非常有利于形成日全食现象。再过几亿年，地球上就看不到日全食现象了。

图24-1 2012年澳大利亚日全食期间，月球挡住了整个太阳，只留下很小的一部分，形成了“钻石环”。但是，任何照片都无法还原这一事件的真实面貌（图源：马特·弗朗西斯，普雷斯科特天文台）

早期的一些文明起初将天体现象视为不可思议的巫术，日食则是其中最神乎其神的一种。有些文明（例如，阿兹台克文明和巴比伦文明）对日食非常痴迷，古人得出的观测结果有时准确得令人惊讶，这些最终赋予了他们的祭司预测天文事件的能力。

古巴比伦人注意到，尽管每年都会发生某种日食，但是在18年零11又1/3天后，同类型的日食会再次出现。这个观测结论的精准程度至今仍然令人折服，尤其是这1/3天的精确度，如果差之毫厘，那么很可能下次日食的最佳观测点（或者唯一观测点）就变成了完全不同的地区。古巴比伦人将这个18年多一点的时间周期称为一个“沙罗周期”（Saros）。古希腊人非常喜欢这个词，甚至未加翻译就直接采用了它。

沙罗周期中的“1/3天”意味着在某个特定的沙罗周期，下次日食发生之前，地球会多转过120度（经度）。因此，对于特定的日食，如果有人想要再次在特定的区域观察到它，那就必须等它像乘坐齿轮一样在世界各地转满一圈，经过3个沙罗周期，相当于54年零1个月（或者说得更准确一些，零33天）。在4000年前，这么长的周期已经超过了那个时代人类的平均寿命，所以，当时人们竟然能发现这一结果，这着实令人惊讶。3个沙罗周期又被称为转轮周期（exeligmos），这个词在希腊语中是“转动车轮”的意思。利用转轮周期，从2017年和2024年倒推54年零1个月，我们可以计算出美国之前出现日全食的日期。可以肯定的是，1963年，缅因州发生了一次日全食；1970年3月7日，另一次日全食出现在东海岸区域，覆盖了弗吉尼亚海滩（Virginia Beach）和南塔克特岛（Nantucket），这令观测者颇感震惊。

1970年3月在弗吉尼亚海滩出现的那次日全食持续了三分半钟，属于编号为139的沙罗周期。同类日全食的轨迹朝着东北方向移动，根据沙罗周期，它会在1988年出现在弗吉尼亚以西120°（经度）的地方，也就是印度尼西亚，持续时间为3分45秒。又一个沙罗周期之后，2006年3月，同样向东北方向移动的日全食横扫了从利比亚到土耳其的整片区域。139号沙罗周期的下次回归将会在2024年，日全食将出现在克利夫兰（Cleveland）、罗切斯特（Rochester）、布法罗（Buffalo）和佛蒙特州的伯灵顿（Burlington）等地。

我们可以为观测下一次日全食做准备。2017年从西海岸到东海岸两分半钟的奇观已经过去，2024年4月8日的日食持续时间最长的地方在墨西哥中部，预计超过4分钟，然后，月球的阴影将像龙卷风一般，沿着东北方向移动到美国东北部。

2017年以后，几乎每年，世界上都会有什么地方出现日全食。2018年没有，2022年几乎没有。但是在2019年7月2日，我们可以在智利和阿根廷中部看到日全食，在2020年12月14日，我们还可以在那里可以看到另一场。

跳过2021年的南极日全食，2023年我们可以在湿热的赤道地区印度尼西亚迎来一场仅1分钟的日全食。不过，接下来情况会有所好转。

2027年8月2日发生在埃及和直布罗陀的日全食预计全程持续六分半钟，是自2017年至21世纪末所有日全食中持续时间最长的，2024年美国日全食的持续时间紧随其后。2028年7月22日出现在澳大利亚的日全食将是21世纪20年代最后一场日全食，预计全程持续5分钟。

如果你希望将日食观测之旅的范围限定在美国、加拿大和欧洲各国的话，那么请注意，2045年8月12日，美国将迎来有史以来最长的日全食，从加利福尼亚北部到佛罗里达，持续时间6分钟。约7年以后，也就是2052年3月30日，在佛罗里达还将观测到另一场日全食。此后，在2078年5月11日和2079年5月1日，在美国能享受两次日全食；而法国和意大利则需要等到2081年9月3日才能盼来它们在21世纪仅有的一次日全食。

我有幸观测过8次日全食，请允许我分享一下自己的经历。被彻底遮挡住的太阳总是带给人们无可比拟的惊喜。

首先，没有人可以真正做好观看日全食的准备。人们看到的照片无法还原现象本身，因为相机永远捕捉不到它真实的视觉外观。这与人类视网膜的敏感度有关，也与相机曝光的差异有关，不论你的相机用的是数字成像还是胶片。

日全食发生时，内冕是明亮的，而外冕的光相对微弱。对其中的一部分正确曝光，就会使得另一部分要么曝光不足，无法显现出来，要么曝光过度，让日全食看起来像是被白色耀斑包围起来的烧毁区域。所以，即使由专业人士进行拍摄，真正的日全食也并非如同自然纪录片或者杂志中的那样。为了得到一个准确的结果，你必须同时处理多张图片。

神奇的景象在日全食发生前10分钟左右就开始了，这时太阳还未被完全遮挡住，不过也快了。这个时候，你必须保护眼睛。如果太阳在空中的位置较低，我建议你戴上遮光号为12的焊工护目镜；如果太阳的位置较高，那么请选择遮光号为14的。与便宜的塑料日食观测镜相比，透过这种眼镜看到的图像更清晰、质量更高。（护目镜可以从焊接用品商店购买，普通商场里不会有这类用品的柜台，它们一般都在城镇最不起眼的地方，通常毗邻篱笆围起来的院子，里面还有咆哮的看门狗。）

在这一阶段，太阳就像一弯新月，但是，你这个时候最好看一看周围：景物色彩饱和，阴影鲜明，对比度增强，树木和灌木投下无数个新月形的影子。树和房子这类普通的东西看起来很陌生，就好像是被别的“太阳”照亮了似的。日常风光都变成了离奇的景观。

你简直可以在空气中嗅出人们满满的期待。接着，日全食前的一两分钟，所有白色的物体表面（比如白色的细沙和床单）突然晃动起了闪闪发光的暗线。它们被称为影带。记住，不要用相机去拍它们！即使你去拍摄，也只能拍出白色的物体，上面看不到任何波浪般的带状图案。出现这种情况的原因简单来说就是影带的对比度太低。它们发出的微光虽然人眼能够轻易辨别，却低于照片所能显示的对比度下限。

紧接着，日全食登场了，它的持续时间从1秒到7分钟不等。这时候你可以摘下护目镜直视太阳。天空中可以看到明亮的星星。太阳的日冕沿着看不见的磁力线跨过天际，比人们想象的延伸得更远，它纤细缥缈的形状取决于太阳所处的活动周期。太阳黑子的活动到底处于极小期还是极大期，你一眼就可以分辨出来：在极大期，日冕呈圆形且对称，太阳就好像被上紧了发条，似乎所有能量随时准备爆发。然而令人意想不到的是，宁静时的太阳尽情地散发着又长又不规则的冕流。无论在哪种时期观察日冕，我们都能发现它的辉光与常见的自然光明显不同。这也有合理的解释：太阳日冕是迄今为止人眼可以观察到的最热的物质。组成它的不是构成太阳表面和地球上一切物质的完整原子，而是等离子体（原子的碎片）。

观看日全食似乎是一种超脱人生和世界的体验。有一位日食观测者用“我的精神家园”来向我描述它。但是为什么呢？到底发生了什么呢？很显然，被遮挡住的不仅仅是太阳发出的可见光，还有它的不可见光。（正如赫斯在1912年的日全食观测中所发现的那样，当时他乘坐气球测量太阳辐射，在太阳被挡住的时候，宇宙射线的量并没有减少，但是许多别的能量确实消失了。）阳光中紫外线的含量下降，红外线也是如此，在日全食真正出现前你就感觉不到它的温暖了。随着红外线的减少，云层、岩石和地面上方的空气突然冷却。温度的降低产生了压力差，形成一股难以散去的日食风。此外，在太阳被完全挡住以后，气温很快达到露点，于是云会忽然形成。这就是20世纪80年代西伯利亚日食期间所发生的事，后果令人恼火：由专业天文学家组成的大型国际团体原本聚在一起准备观测这难得一见的现象，结果大量云层的形成导致他们什么也没有看到。为了应付太阳的可见光，他们倒是精心做了计划，然而却忽视了它的不可见光！

看完日全食后，很多人会马上为观测下一次奇观做准备。先别想着去其他地方，考虑一下2017年8月21日和2024年4月8日可以观测到日全食的狭长地区。你一定要考虑可能的云层量。例如，想看2017年的日全食，你最好选择爱达荷州东部而不是太平洋西北部地区，至于2024年，我推荐得克萨斯州南部的干旱地区，而不是纽约州的布法罗。要知道，在大多数地方，上午10点左右往往比下午3点左右的观测条件更好。如果赶上日全食经过的轨迹很长（例如2017年那次），那么你可以上午在爱达荷州观测，或者下午在纳什维尔（Nashville）观测。前者的观测效果更好。

我认识的一个人观测过7次日全食，其中4次都赶上阴云密布。有几个人在1999年8月11日还莫名其妙地跑到英国阴雨连绵的康沃尔郡而不是晴空万里的土耳其去观看日全食。有时候为了图方便，或者为了去某个特定的地方找亲戚朋友，你可能会错失看到日全食的良机。

第25章　外星人的电话号码是多少

人类就是孤独之心俱乐部的成员。除了我们自己，没有可以交流的对象。虽然我们喜爱猫和狗，但是它们不会说话。几个世纪以来，其他星球存在先进（说不定还很健谈）外星生物的想法一直深深吸引着人们。伽利略并不是唯一把月球表面的黑色区域当作海洋的人——任何有水的地方，自然就有生命繁衍。

相信其他世界存在智慧生命的想法变得越来越普遍。19世纪初，就连红外线的发现者赫歇尔都认为，太阳表面也是人类生存的家园。他写道：太阳最外面的热辐射层被厚厚的云层所遮挡，就像防毒屏障一样保护内部的空间，使得太阳表面的“草地”依然适合人们愉快地野餐。

在19世纪末，伽利尔摩·马可尼和尼古拉·特斯拉都曾尝试用无线通信的方式与火星取得联系。当时，科学家已经意识到，仅凭可见光是不足以在星球之间传递信息的。无线电波要更靠谱一些。1924年8月21 ~ 23日，火星运行到距离地球非常近的位置，美国海军推行“全国无线电静默日”（National Radio Silence Day），要求全国各地连续36个小时在每小时的前5分钟关闭所有无线电设备，这一做法至少在某些地区获得了广泛支持。与此同时，美国海军天文台用飞艇承载一台无线电接收器，监听这颗红色星球是否发出任何信号。结果一切只是徒劳。

到了20世纪50年代，太阳系中存在智慧生命的可能性似乎已经排除了，最终，人们将注意力转向了围绕银河系4000亿颗恒星转动的行星。现在，人们面临的问题和从前一样：这其中有多少遥远的恒星拥有行星，又有多少可能存在智慧生命呢？

前一个问题直到21世纪初才有了答案。人们分别采用两种搜寻系外行星（太阳系以外绕恒星转动的行星）的方法，发现了数千颗在太阳系外围绕恒星转动的星球。很显然，仅银河系就有至少10亿个类似地球的世界。它们与地球的质量和温度大致相同，并且以恰到好处的距离围绕各自的恒星转动，从而保证其表面能够存在液态水。

但是，在这10亿颗行星里，又有多少是智慧生命的家园呢？天文学家倾向于持乐观态度。毕竟，他们发现许多星云中都存在氨基酸，这是一切生命的基石。泛种论认为生命形态（包括简单的微观生命形式）可能存在于流星的缝隙之中，它们在星际空间的巨大走廊里四处游走，与行星发生碰撞之后，便会将自己的种子播撒出去。这不再是不切实际的想法。如果真是这样，那么生命应该是丰富多彩的。只有少数天文学家持对立的观点，他们认为生命的起源是一种极其罕见的现象，从本质上来说地球就是一个奇迹。

想要接触到所谓的外星人，我们有两种方法，归根结底就是“说”与“听”。前者是向宇宙发送信号，公开我们的存在和位置，等等看是否有人回应。在一定程度上，人们已经尝试过这种方法了。1974年，人们利用位于波多黎各的巨大的阿雷西博射电望远镜，向明亮的球状星团M13发出了3分钟的信息，宣布了我们在宇宙中的位置。考虑到无线电波是以光速传播的，从现在算起，这些信息还要经过25 000年才能到达星团中的100万颗恒星。就算有外星人及时回应，我们也只能在大约52 000年的某一刻收到他们的回复——“嗨！是的，我们很好。你们好吗？”

一些科学家反对向宇宙发送地球的信息。例如，著名物理学家斯蒂芬·霍金（Stephen Hawking）就曾发出警告：根据地球上有史以来的经验，当一个文明被另一个技术更先进的文明发现时，结果很少是对前者有利的。

这就好比你身处一片丛林之中，不清楚周围的情况，此时大声呼喊绝对是非常不理智的做法。我们不应该想当然地以为，高等的外星智慧生物一定会对我们抱以友好的态度。霍金说："对于我们来说，保持低调才是明智之举。"不出所料，许多科学家都认为这种立场过于偏执。

另一种寻找外星生命的方法受到的争议就没有这么多了，这种方法就是用天线监听外太空传来的信号，无论是有意发送的还是无意发送的。毕竟自20世纪20年代以来，人类一直在发送无线电信号和电视信号。例如，人们经常提起的《我爱露西》（*I Love Lucy*）这档电视节目[1]，它的信号还在不断地向宇宙中更远的地方传播，自播出时算起，目前已经到达了距离地球60光年远的地方。这些信号应该已经传到了附近的数百颗恒星，还有大约同等数量的系外行星上。然而，这些信号非常微弱，所以并不被看好。即使外星人配备了我们当前最先进的射电望远镜，他们也无法从这些信号中探测到地球人的存在，哪怕他们生活在距离地球最近的恒星系。但是，如果他们的技术比我们先进得多呢？如果他们既能监听又能发送变化微弱的信号呢？

或许外星人和我们一样，也会在无意中发出信号，毕竟我们播出《天堂执法者》（*Hawaii Five-0*）和《贝弗利山人》（*The Beverly Hillbillies*）并不是为了让外星人在他们的星球上享受这些节目。此外，广播站和电视塔都是向水平方向一周发射信号的，目的是在地面上覆盖更多的听众和观众。商业广播信号的传输就更不会对准上方的外太空了，也不会试图穿过薄薄的大气层。它们传播的范围不是很广，而是优先定向人口密集的地方。另外，这些信号也不具备星际传播的能量水平。

但是，如果外星人故意发送信号想引起我们注意的话，那么情况就有所不

[1] 《我爱露西》是美国20世纪50年代著名的黑白情景喜剧。——译者

同了。20世纪60年代，人类已经开始投资并启动多项精确监测此类外星传输信号的项目了。

我们面临的第一个问题是：应该听些什么呢？当然，我们期待探测到不可见光。但是，这种光的波长和频率是多少？说白了，外星人的“电话号码”是多少呢？

图25-1 蟹状星云发出的能量几乎布满了整个电磁波谱。如果外星人有意向我们问好，那么他们会选择以哪种频率的光来发送信号呢（图源：美国国家航空航天局）

实际上，频率低于1吉赫的信号我们是监听不到的，也就是说，我们无法监听电磁波谱中的低频微波和无线电长波。低于这一频率的电磁波我们没法儿监听，过多的噪声和地球本身信号传输的干扰都会限制我们的监听范围。就像一位著名外星生物调查员对我说的，这就跟借着一盏路灯的光寻找丢失的钥匙差不多。但是，即使排除了频率低于1吉赫的信号，我们仍然可以接收到绝大部分电磁波。

我们假设外星人发射的是无线电波，与可见光不同，无线电波很容易朝着各个方向发射。外星人发射的可能是红外线波段上的光，因为这种波更加集中。事实上，有些人甚至认为，每天在空中突然出现并常常持续几秒钟的超级神秘的 γ 射线爆发，可能就来自遥远星系中外星人集中发出的高功率广播信息流。

2016年，我与专注于搜寻地外文明计划（Search for ExtraTerrestrial Intelligence，SETI）的机构负责人塞斯·肖斯塔克（Seth Shostak）进行了交谈，该研究所几十年来一直在搜索外星智慧生命。

他叹了口气，说："我们每天会收到大约400封信，其中大部分对应该监听的频率提出了自己的想法。有人认为，外星智慧生命会有意挑选圆周率中的数字，因为只要是智慧生物，就肯定知道圆周率这一表示圆周长与直径之间关系的常数。换句话说，我们应该调整一下射电望远镜的设置，尝试去寻找3.141 592吉赫的能量。"

还有人建议关注圆周率的倍数，或者用圆周率乘上1420兆赫（中性氢原子21厘米谱线的频率）。正如肖斯塔克打的这个有趣的比方，问题在于——"外星人会用什么样的呼叫信道呢？"可以说，不可见光包含数不胜数的频率，而我们总要集中监听电磁波谱上的某个波段。

地外文明搜索方面的研究现在很热门，但人类其实早就开始寻找来自外星的信号了。1960年，打算继续在康奈尔大学担任教授的天文学家弗兰克·德雷克（Frank Drake）用西弗吉尼亚州绿岸（Green Bank）美国国家射电天文台直径26米的射电望远镜探测附近的恒星天苑四（Epsilon Eridani）和天仓五（Tau

Ceti）是否有未知行星传来信号，这些恒星与太阳相似，因此温度不会过高。这一项目名为“奥兹玛计划”（Project Ozma），得名于文学作品中的奥兹玛公主，即虚构的奥兹国统治者，这个名字也在一定程度上为项目赢得了主流媒体的关注。德雷克关注的频率是1420兆赫，也就是中性氢原子21厘米谱线的频率。这是一个颇为特殊的频率，见多识广的外星人或许也知道它，说不定这是智慧生命关注的共同点。然而，他的努力并没有取得任何成果。

1971年，美国国家航空航天局正式资助SETI计划。20世纪80年代，一个名为“哨兵”（Sentinel）的项目用哈佛大学直径26米的射电望远镜搜寻地外文明的踪迹，该项目连接了专用的频谱分析仪，可以同时监听131 000个频率。

人们在20世纪90年代中期展开了新的探索，这项计划名叫“十亿级信道地外分析”（Billion-Channel Extraterrestrial Assay，BETA），能够同时监听2.5亿个信道。后续工作不断展开，这项搜索工作一直没有终止，直到1999年一场接近飓风级别的风暴刮倒并摧毁了项目所用的射电望远镜。

技术不断进步（比如，我们已经有了能同时监测1500万个不同频率的频谱分析仪），现在有很多项目可以更深入地监听不可见的信号。这些项目中，有的由私人赞助，有的则由大学或者美国国家航空航天局进行管理，其中包括微波观测项目（Microwave Observing Project，MOP）、塞任迪波计划（Search for Extraterrestrial Radio Emissions from Nearby Developed Intelligent Populations，SERENDIP）[1]、凤凰计划（Project Phoenix）和突破计划（Breakthrough Listen），以上这些计划都在进行之中。虽然我们已经监测到了数亿个可能是非自然信号的波，但是目前的结果表明，它们要么来自噪声或者地球卫星，要么消失得太快，来不及让我们仔细分析。

[1] 该项目的全称意为：搜寻来自近地外智慧生命群落的无线电波计划。——编者

图25-2 地外文明搜索研究所利用艾伦望远镜阵列来寻找外星生命（图源：塞斯 · 肖斯塔克）

外星智慧生命也许会故意向我们发送信号，但这里还有一种可能，那就是外星的先进文明在“无意之中”发出了信号，在这种情况下，信号甚至可以由一些简单的事物发出，例如，城市中亮起又熄灭的灯光，还有因发动机启动和熄火而变化的热量。

截至2016年，我们已经仔细观察过的恒星（在很多频率上深度监测过的恒星）还不到几千颗。到目前为止，我们就像巴甫洛夫的狗一样，一直垂涎三尺地耐心等待，却没有得到一块饼干。

或许我们对外星智慧生命存在的认知有误。20世纪50年代，著名的意大利物理学家恩利克·费米（Enrico Fermi）对同事说，如果先进文明在我们星系中普遍存在，那么它们就应该能够被探测到。然而，如果事实真是这样，他问：“它们都在什么地方呢？”现在，有人管这种找不到外星文明的情况叫“大静默”。这可能意味着先进的外星生命比我们想象的要罕见得多。这种悲观的想法并非没有道理。形成生命至少需要遵循极为特别的步骤，但促使生命出现的化学作用却是随机的。所以，创造了“大爆炸”一词的弗雷德·霍伊尔将生命起源的偶然性比喻为一场龙卷风席卷了垃圾场，却组装出一架大型喷气式飞机。

另一种可能正确的解释是，外星人的智慧文明与我们的完全不同。不能因为我们喜欢用微波和无线电波进行交流，就断定人家也会这么做。也不能仅仅因为我们喜欢搭乘火箭飞向环境恶劣、空空如也的外太空，就以为其他智慧生命也会对此感兴趣。或许，他们内心十分平和，宁愿守在自己的土地上。

说不定外星人之间不需要电磁波，照样沟通得非常好。事实上，地球上除了我们人类之外，最聪明的生物要数海豚了，然而它们从来没有表现出丝毫想要离开海洋和地球的渴望。它们也不想制造电子设备。如果外星智慧生物更像海豚而不是我们，那怎么办？如果针对数百万个不可见光频率的监听都只是人类中心主义者的白忙活，那怎么办？

这一切我们都无从知晓，但我们不会就此停下脚步。

我们还会不断地尝试新的电话号码，直到有人拿起听筒。

第26章　光的未来光明吗

赫歇尔偶然打开了不可见光世界的大门，在随后的200年间，各不相同的不可见光不断进入人们的视线。在未来，还会有更多看不见的能量融入我们的生活。社会是否会关注环保主义者的呼声，在提高微波、无线电波和其他不可见电磁波强度的同时，减少“滥用照明”和光污染，保护夜空中自然的光辉？

目前，人们正在尝试利用太阳能无人机大面积发射持续的Wi-Fi信号，让“热点”不再只是点，而是成为无处不在的常态。简单说来就是，即使你在国家公园远足，也可以照常使用手机和应用程序。

同时，天狼星XM卫星广播已经向我们证实，卫星发射的无线电波可以在陆地上实现全面覆盖，只有陡峭的峡谷和岩层才会阻挡这些信号。那么，这对我们的健康会产生什么影响呢？也许这种影响可以忽略不计。但有人会说，如果让包括幼儿在内的所有人都暴露在能穿透身体的能量波中，那么这个“也许”也谈不上可靠。

另外，随着CT扫描在全球范围内的普及，越来越多的人开始接触电磁波谱中涉及电离辐射的部分。根据2014 ~ 2016年医学期刊上发表的文章进行一个粗略的估计，我们会发现大约2%的癌症是由医用X射线引起的，这些X射线大部分来自CT扫描。换句话说，一次全身的CT扫描可能会使你患癌死亡的风险增加1/2000。令人欣慰的是，在认识到这种电离辐射的巨大危害之后，许多医生都选择谨慎行事，并质疑CT扫描在某些情况下是否真的有必要。对于许多情况来说，简单的医疗影像检查或许就已足够。对于这个问题，人们已经开始采取行动。

手机的使用则是另一回事。手机已经普及到了无处不在的程度，几乎人人都暴露在微波信号当中。将手机紧贴头部使用会在最大限度上让你接触这种辐射。如果只发短信，或者改用耳机，你就可以较少地接触这种辐射。幸运的是，手机信号的强度已经降低了。2016年的手机微波辐射总量只有14年前的一半左右。正在进行的研究调查了动物长时间暴露在微波下的情况。如前所述，大部分针对人类的研究结果是令人放心的，但是在真相彻底查明之前，使用免提功能和耳机更保险。

谈到宇宙射线时，我们关注的是一种看不见的粒子。有趣的是，自20世纪90年代以来，太阳活动（耀斑、日冕物质抛射和太阳黑子所发射的稳定的带电粒子“风”）的强度和频率就一直在下降。当前太阳处于第24个活动周期，我们的有生之年正好赶上它最柔弱的时候，而且大多数研究人员认为，太阳已经进入了长期的休眠状态。

对于担心宇宙射线及其副产品（包括潜在的细胞破坏者μ介子，每秒钟大约有240个这种粒子穿透人体）的人来说，这似乎是个值得庆幸的好消息。太阳安静了，射线自然会减少。然而事实恰恰相反。

这是因为最强烈的宇宙射线并非来自太阳，而是来自太阳系之外，说到影响地球上生命的宇宙射线，太阳系外的那些才是主要的。当太阳处于活跃时期，大部分宇宙射线会在日球层顶（太阳的外部边界）发生偏转。处于休眠时期的太阳对抗星际入侵者的能力下降了。因此，较强的宇宙射线穿透地球大气层，甚至到达了地面。受影响最大的是生活在高海拔地区（如科罗拉多州）的人，以及居住地远离赤道（如阿拉斯加州）的人。

宁静期太阳发出的光线中，紫外线的强度也有所降低。在太阳黑子最少的时期（太阳活动不活跃的时期，预计下一次会出现在2022年），同太阳最耀眼的极大期相比，地球表面每平方米只会减少1瓦特的日射量（太阳辐射到达地球时的总能量），但紫外线辐射会减少10%以上。

毫无疑问，南极的臭氧层空洞还会放进更多的紫外线辐射，如果臭氧层的损耗区域能够愈合的话，漏进来的紫外线辐射就不会有那么多了。不过，正如我们已经知道的，至少在黑色素瘤的发病率方面，紫外线辐射的作用并不像几十年前人们担心的那么大。所以，我的建议是不要避开阳光。相反，在不被晒伤的前提下，我们应该尽可能地多去晒太阳。

至于γ射线，它还将继续用于食品辐照。在最理想的情况下，仅有少数食品（如香料）接触辐照。除了核电站的工作人员和晚期癌症患者（他们通常需要将放疗作为一种缓和疗法），一般不会有人或者动物接触到γ射线。

红外线将继续应用于车库门、加热灯、火情探测设备、间谍相机，以及其他产品和小工具。位于光谱上这个波段的光从来不会被当作危害人体的辐射。目前，最有价值的红外新技术应用可能是帮助恢复盲人视力的产品，其中一款已于2016年上市，出品公司称，它可以让完全失明的人的视力至少恢复到20/250，足以看清标准视力表最上面一行那个巨大的E。

红外线是如何实现这一功能的呢？首先，外科医生会在盲人的视网膜上植入一个含有150个电极的硅芯片。当盲人戴上含有该系统的墨镜时，其中的集成摄像机便会给便携式计算机发送图像，与其相连的“袖珍处理器”将已经拍摄的影像转换成红外图像，接着，眼镜再将这个图像送入眼睛。脉冲启动植入的电极，视神经将图像传递给大脑。在我撰写本书的时候，这个了不起的想法已经在首次医疗应用中取得了成功。

2016年春天，欧洲学者宣布了一个惊人的消息：光可能具有一个出人意料的属性。具体来说，光子具有角动量，这个属性已经在多个科学领域得到应用，量子信息的存储就是一个例子。在正常的三维空间里，光子角动量的值是普朗克常数的整数倍。但是研究人员已经证实，将降维情况纳入考虑时，光子角动量的值可以是普朗克常数乘以一个分数，而且毫无疑问，这一新发现肯定会在未来的技术中得到应用，例如，用来实现新的编码方法，保护敏感的存储信息。重要的是，对于"光"这一看似非常基本的主题，人们到现在也没有研究透彻。尽管从20世纪初洛仑兹的时代到现在，人类的知识有了飞跃性的增长，但是光似乎总能带来新的惊喜。

而暗能量、真空能量和零点能这些在自然界中常见的奇特能量很可能也存在于我们的家中。据我们所知，它们的通量（在环境中的强度）在百年的时间跨度里并不会发生变化。虽然尚不明确，但它们对人体的影响很可能是微乎其微的。它们无处不在，就像周围的氧气和水蒸气一样。按理来说，如果某种物质在任何地方存在的程度都差不多，那就不大可能对只在有限范围内活动的生命造成伤害。

我们还在不断地了解这些能量，现在也不能确定自己在有生之年是否会用到它们。目前，它们甚至让我们感到无从下手。然而，面对无限能源的诱惑，我们当中伟大的科学家兴奋得彻夜难眠。纵观历史，科学已经教会我们"永不说不"。这些能量可能是看不见的黄金国，是取之不尽的力量源泉，也是提高生活水平的救星。

毕竟，那些被发现、研究和利用的不可见光已经深刻地改变了我们的生活方式。我们需要在它们的帮助下通信、烹饪、观察人体，以及研究遥远的外太空。是的，无人机、Wi-Fi以及其他应用越发广泛的技术也使得我们家中的微波和无线电波不断增加。但是，我并不希望你们因此心生恐惧。我只想打开一扇窗户，让你们看到广袤宇宙中无处不在的能量，其中大多数都是无害的，是我们的日常生活离不开的。

我希望不可见光的故事——它们改变文明、影响人类的历史——让你心中升起的不仅仅是对这一领域科学技术先驱的敬意。在我们的周围，还存在着一个充满不可见能量的世界，我们对此只是略知皮毛。所以我希望，在超越感官的领域中探索那些熠熠生辉的不可见光时，我们能够一起丰富自己的知识，增添一点智慧。